U0615882

云计算产业联盟
云平台知识共享
模式研究

魏　玲◎著

经济管理出版社

ECONOMY & MANAGEMENT PUBLISHING HOUSE

图书在版编目（CIP）数据

云计算产业联盟云平台知识共享模式研究/魏玲著 . —北京：经济管理出版社，2021.8
ISBN 978 - 7 - 5096 - 8207 - 4

Ⅰ.①云… Ⅱ.①魏… Ⅲ.①云计算—应用—知识管理—资源共享—研究 Ⅳ.①G302 - 39

中国版本图书馆 CIP 数据核字（2021）第 157939 号

组稿编辑：张丽原
责任编辑：张馨予
责任印制：黄章平
责任校对：王淑卿

出版发行：经济管理出版社
　　　　　（北京市海淀区北蜂窝 8 号中雅大厦 A 座 11 层　100038）
网　　　址：www. E - mp. com. cn
电　　　话：（010）51915602
印　　　刷：唐山昊达印刷有限公司
经　　　销：新华书店
开　　　本：710mm × 1000mm/16
印　　　张：11.5
字　　　数：224 千字
版　　　次：2021 年 9 月第 1 版　　2021 年 9 月第 1 次印刷
书　　　号：ISBN 978 - 7 - 5096 - 8207 - 4
定　　　价：66.00 元

·版权所有　翻印必究·

凡购本社图书，如有印装错误，由本社读者服务部负责调换。
联系地址：北京阜外月坛北小街 2 号
电话：（010）68022974　　邮编：100836

前　言

　　云计算技术促进了各行各业的经济发展，改善了各行各业的管理模式以及资源处理能力。云计算产业联盟是应用云计算技术的企业、组织等共同组成的联盟体，联盟成员通过合作竞争的方式推动云计算在中国的发展，为云计算快速、稳定发展提供了基本保障。在知识经济时代背景下，知识已成为各行各业核心竞争力，知识共享的水平决定云计算的发展与演变程度，借助知识共享平台对云计算产业联盟及其成员实施知识共享统一化，从而提高云计算产业联盟及成员企业的市场价值增长点。因此，对云计算产业联盟的知识共享进行研究具有重要的理论意义和现实意义。

　　本书在云计算、产业联盟、云平台及知识共享模式现有研究的基础上，分析了现阶段国内外云计算产业联盟云平台的知识共享研究与应用现状，界定云计算产业联盟的内涵与特征，确定云计算产业联盟知识类型，并以知识需求分析为基础，从信息生态位角度分析云计算产业联盟知识共享机理，对云计算产业联盟知识共享的内部及外部动因进行分析；基于主客体、共享环境以及技术的知识共享信息生态要素，确定云计算产业联盟知识共享信息生态链及信息生态位；探究基于复杂网络理论的云计算产业联盟知识共享过程，确定了云计算产业联盟云平台知识共享过程由知识获取、知识存储及知识服务三个环节构成，进而提出云计算产业联盟云平台的技术架构、层次架构及功能架构。

　　对云计算产业联盟云平台知识共享中的知识获取进行研究，在界定知识获取的内涵，明确知识获取的任务、方法和类型的基础上，根据云计算类型确定基于私有云、公有云以及混合云的知识获取来源，以知识需求生成和知识选择为手段确定云计算产业联盟知识获取流程，提出内部、外部及混合知识获取模式，从而对显性和隐性知识采用不同的获取模式进行获取操作。

在云计算产业联盟云平台知识共享的知识存储研究中，对云计算产业联盟知识存储的必要性及隐性知识获取、知识获取渠道、知识存储技术和知识存储安全四方面存在的障碍进行分析，基于云计算产业联盟知识表达方式，提出云计算产业联盟知识存储的多维知识资源数据建模与联机分析的非规则维建模技术，构建云计算产业联盟知识存储多维知识资源数据模型，明确联机分析上卷与下钻操作过程，提出多维知识资源转换算法。为提高知识资源的存储与利用效率，提出行列混合知识存储与动态量化知识存储模式。

对于云计算产业联盟知识服务问题的研究，在界定了知识服务内涵及特征的基础上，给出了云计算产业联盟知识服务驱动力、知识服务的作用以及知识云服务，通过知识异质性、知识管理制度差异性以及知识服务信息不对称对云计算产业联盟知识服务进行障碍分析。以联盟成员利益最大化为基准，提出了联盟混合知识服务模式、联盟成员间知识服务模式和联盟成员内部知识服务模式，分析云计算产业联盟知识服务的主要影响因素，基于贝叶斯模糊粗糙集改进指标筛选算法，构建云计算产业联盟知识服务水平评价指标体系，对云计算产业联盟知识服务水平进行评价。

在上述研究的基础上，以中关村云计算产业联盟作为研究对象，进行实证检验，分别从知识获取、知识存储和知识服务三方面进行实证，从而验证知识获取模式、知识存储模式、知识服务模式的正确性与可行性。最后，对中关村云计算产业联盟的发展以及知识共享过程给出提升策略。

魏 玲

2021 年 1 月

目　录

第1章　绪论

1.1　研究背景

目前，国内外逐渐掀起研究知识经济的热潮，知识正逐渐成为当今企业取得竞争优势的关键性因素。企业在市场竞争中的核心竞争力逐渐转变为知识的获取与知识的创造能力，只有加强对企业知识的管理，才能从根本上提高企业的竞争力和创新力，从而在激烈的市场竞争中具备优势。知识共享借助计算机系统对企业的所有信息数据进行提取、存储、检索，而作为新兴的知识密集型的云计算产业，相关企业更需要注重知识的共享与运用。

自20世纪90年代以来，随着科学技术的发展，信息技术的集成化、网络化、数字化、全球化，人类开始进入真正的信息时代。云计算的发展，大数据时代来临，引发云计算相关产业竞争格局的重新演变。云计算相关技术和方法的引入的确给企业和组织带来便利，但从发展角度分析，单个企业应用云计算的能力和水平有限，无法对云计算演变出来的知识与方法进行快速地传递和创造，使企业无法适应快速变化的市场，且企业涉及的软件技术更新速度快，研发成本高，对单个应用云计算的企业来说是不小的负担。为此，与其他企业或组织进行合作或进行联盟成为分担成本与风险、提高资源共享效率的一种重要方式。随着云计算技术的快速发展，企业为了实现规模效应和集群效应，纷纷成立云计算产业联盟。国外比较有影响力联盟的是普华永道（PWC）、甲骨文和五家亚太运营商成立的亚太云计算产业联盟（APCA）以及 Atos、EMC 和 Vmware 联合成立的开放式云计算战略联盟。国内比较有影响力的联盟是中关村云计算产业联盟、中国云联盟和中国云计算应用联盟。这些联盟联合云计算应用领域的主要企业和研究机构，汇聚产业链上下游资源，搭建联盟成员之间共享信息、交流合作、人才培训的平台，通过该平台能够促进联盟成员进行业务合作、项目联合开发等。云计算产业联盟把多种类型知识资源聚集在一起，有利于应用云计算的企业快速获取知识，实现企业间的知识共享。但是由于知识对企业发展及核心竞争力的重要程度，大多数的企业对知识保护程度较高，造成联盟成员间的信任低下、联盟知识共享效果差等问题，使云计算产业联盟知识共享面临较多的问题和障碍。因此为更好地解决以上问题，研究云计算产业联盟云平台知识共享模式就显得越来越重要。

云计算产业联盟主体包括企业、科研机构等。由于不同企业对知识的表示和存储形式不同，云计算产业联盟知识的多样性和复杂性就不言而喻了。然而云计算产业联盟成员之间有信息共享、交流合作、联合开发的活动需求，这些都伴随着联盟知识的获取、存储与服务。所以有必要对云计算产业联盟云平台进行有效的管理，尽可能地扩大知识对联盟的积极作用。云计算产业联盟云平台能着重解决联盟成员间复杂的隐性知识管理，使联盟内各成员都能迅速、便捷地获取所需知识并提供给其他成员组织，从而实现联盟成员企业间的知识资源共享，以及项目合作后知识创新的目的。从云计算产业联盟成员与知识共享的角度出发，基于"云"方便快捷、容量大、价格低廉等特点，设计云计算产业联盟云平台及相应的知识共享模式，最终实现联盟成员内部、联盟成员之间、成员与外界以及联盟与外界间的知识共享。

1.2 研究目的及意义

1.2.1 研究目的

云计算的快速兴起与发展，必然会给各行各业带来很大的冲击。借鉴国内外云计算处理技术与应用模型，虽然可以优化企业现有的知识共享与发展体系，但技术融合与共享模式等方面仍需进一步改进。通过对云计算产业联盟云平台进行分析，并基于该平台构建知识获取模式、知识存储模式以及知识服务模式，能够解决联盟成员间显性及复杂的隐性知识管理，使各联盟成员都能够及时、便捷地获取其发展所需要的知识资源，达到联盟伙伴知识共享与合作创新的目的，提升联盟整体与联盟成员在行业领域中的竞争优势。

1.2.2 研究意义

1.2.2.1 理论意义

关于云计算产业联盟知识共享相关过程的研究，结合知识共享理论、产业集群理论进行相应分析，确定联盟知识共享流程、原则与目的，揭示云计算产业联盟的知识共享核心内容，为提高云计算产业联盟知识共享水平，促进联盟成员知识转移与服务效率，提供一定的理论指导和支撑。

1.2.2.2 现实意义

基于以上理论基础研究，应用分布式处理、行列混合存储、多维知识资源数据建模、贝叶斯粗糙集的属性约简等技术和方法，提高云计算产业联盟在知识资源处理过程中的效率，解决联盟成员知识获取、知识存储与知识服务过程中存在的效率低下问题。对联盟成员扩展自身的有限知识资源，提高知识竞争力，实现规模效应和集群效应具有现实意义。

1.3 国内外研究现状及评述

1.3.1 云计算研究现状及评述

1.3.1.1 云计算国外研究现状

有关云计算的研究，国外学者主要从云计算的定义和应用两方面进行探讨。

（1）云计算的定义。2006 年谷歌公司在开发"Google"项目时创新性地提出了云计算的概念。之后，IBM、微软、亚马逊等公司相继提出各自的云计算解决方案，为广域范围内的分布式并行计算指明了发展方向。由于云计算成本低、效率高、存储容量大、扩展能力强等方面的优势，其已成为国内外研究领域的热点问题，各国政府均加大了对云计算研究的投入与支持，将其提升到国家战略层面。目前，普遍认为云计算是一种通过网络传递给用户所需数据、服务等大规模分布式计算模型。美国国家标准和技术研究院（National Institute of Standards and Technology，NIST）认为"云计算以便利的、按需付费的方式，从一个共享且可配置的资源池中获取计算资源来提高其可用性"。维基百科主要从 IT 基础设施和服务两个角度对云计算进行了定义，分别探讨了这两方面的交付和使用模式。目前云计算主要有公有云、私有云和混合云三种服务模式、三个层次的服务内容，包括基础设施即服务（IssS）、平台即服务（PaaS）和软件即服务（SaaS）。

（2）云计算的应用。随着信息技术的快速发展以及数据在存储量和计算量上的不断增多，云计算在处理和分析数据上有较强的优势。当前，企业要想实现按需供给和按需生产的要求，就必须解决信息如何计算、指令如何及时下达的问题，而利用云计算技术可以设计出与之相匹配的计算架构和数据存储模型。自从云计算被提出以来，在众多领域中都有以云为基础设计实现的云应用系统，例如数字电视云、生物医学联盟云等。除了传统领域以外，云计算在新兴领域中也显现出应用优势，例如，Seffers 等（2014）通过研究使用云计算来教机器人系统执行多种任务，实现系统信息的共享，为机器的认知和行为的快速发展提供一种新的途径。Merve 等（2016）利用内容分析法对近六年发表的有关云计算应用与发展的期刊文章进行了深入分析，指出云计算在移动应用与能源消费等领域的发展将会成为新一轮热点研究话题。云计算技术的核心是使用各种各样的服务，而知识共享可以应用这些服务来提高效益，Ionita 等（2011）对云计算与知识共享进行了综述，分析了两者间的关系，提出了一些新的概念。

1.3.1.2　云计算国内研究现状

国内有关云计算的研究发展较晚于国外，主要从以下两个方面来进行探讨。

（1）云计算的定义。与国外相比，国内互联网技术发展较晚导致云技术的研究起步滞后，但云计算技术的研究却呈加速发展态势，随着"天河一号"的诞生而迅猛崛起，应用形式也丰富多彩。政府在工作报告中提到"在传统计算机和网络技术发展相融合的背景下，云计算是基于互联网服务的增加、使用和交付模式，通常在互联网中作为商品进行流通"，表明了政策允许和鼓励发展"计算能力"这种看不见的"商品"。科技部和工信部相继出台的专项规划构成了中国云技术的政策支持系统。基于云计算研究而开发的中国云计算网对云计算进行了全面的诠释，认为云计算通过网络以按需、易扩展的方式获得所需的资源，包括软硬件及平台资源等，本质上是 IT 基础设施的交付和使用模式。同时，也有研究人员从不同角度对云计算进行定义，如孙大为等（2013）基于服务级目标和绿色计算等理论基础，从量化角度定义了绿云计算和绿云体系结构。丁滟等（2015）提出了一个用户选择云服务的重要评价标准即可信云服务，认为如果云服务的行为和结果总是与用户预期的一致，则云服务是可信的。

（2）云计算的应用。进入 21 世纪以来，云计算发展势头迅猛，并在各应用领域中快速扩张。在信息资源搜索与提取、存储及管理、服务应用等方面都需要云技术的支撑。刘海鸥（2016）在云计算背景下从用户位置情景感知角度出发，设计出移动服务混合推荐模型，并利用 MapReduce 化的蚁群神经网络改进推荐系统的运行效率。杨宇环等（2012）基于价值链理论从竞争力及发展程度等方面探讨了云计算对电商行业发展的影响。罗先觉等（2012）从知识产权保护等问题出发，分析云计算对电商行业发展的影响，包括著作权、非著作权、图形用户界面等。在知识管理研究领域中，有研究者对引入云计算技术进行了研究。如：王忠义等（2015）借助云技术，探索了云环境下数字图书馆知识管理的一般流程及其实施过程。邱君等（2014）在分析已有理论基础之上，对企业知识管理新模式进行了深入研究，并探索了该模式在云计算背景下的运行机制。

1.3.1.3　云计算研究评述

作为新兴的共享基础架构的方法，云计算通过管理一个巨大的虚拟化资源池，按照有偿、便捷模式满足企业各种服务需求。由于云计算具有的抽象化、透明化、自动化、即时部署等特点，使其能为用户提供高效、灵活且价格低廉的服务，得到了各行各业的青睐。从国内外对云计算的研究成果来看，云技术有助于联盟实现高效的知识共享的目标。在知识经济时代，知识已成为企业乃至国家重要的无形资产，利用发达的现代信息技术建立知识共享平台，有助于提高知识获取、存储、共享和创新的效率，进而提升竞争力。

1.3.2　产业联盟研究现状及评述

1.3.2.1　产业联盟国外研究现状

国外学者对产业联盟的研究主要从产业联盟的定义和分类两方面展开，具体描述如下：

（1）产业联盟的定义。产业联盟起始于 20 世纪中期的日本，当时一些公司通过相互合作来购买先进的技术，这一现象便是产业联盟形成的雏形。国外学术界对产业联盟的大量实践进行了进一步研究，但由于研究视角的不同，还没有关于产业联盟概念的完整定义。西方理论中，也将其称作为企业战略联盟。M. Porter

（2014）在《竞争优势》一书中给出了产业联盟的定义，认为其是指企业之间为提高市场竞争力而采用各种方式进行合作达成目的的一种产业模式。Angelika（2010）认为，产业联盟是企业之间进行互换技术成果协议、独家性购买协议、合作生产研发以及共同开拓市场等信任活动，以实现企业战略目标。Wilson 和 Hynes（2009）认为，联盟是企业之间为实现利益共享、风险共担等战略目标而组成具有法律约束力的组织形式，例如，经营许可、科研共担、双方贸易协议等。

（2）产业联盟的分类。Belderbo R.（2004）依据在技术研究开发阶段企业选择合作伙伴的目的不同，将其分为五种类型：①与供应商合作，构成技术联盟；②与产品用户合作，构成研发联盟；③与竞争者的合作以实现联盟；④与非企业组织的合作实现联盟；⑤与企业研发关系密切等组织的合作构成联盟。Brian Tjemkes（2012）将产业联盟定义为：公司群体共同签订合作协议，以实现联盟组织的战略目标。Pierre 和 Bernard（2006）在 *Cooperative Strategy* 一书中，把产业联盟定义为：具备独立性的企业之间通过合作来实现资源共享。Salman Kimiagari（2015）根据企业间的合作紧密程度，将其分为股权、契约型、非正式、合资型和国际联合联盟类型。

1.3.2.2　产业联盟国内研究现状

研究人员主要从以下三方面对其进行研究：

（1）产业联盟的定义。尽管国内有关产业联盟的研究与发展时间较晚，但仍有学者对其进行深入研究：陈晓洪等（2007）认为，产业联盟归根结底属于企业战略联盟，是其一种特殊形式，具体表现在以下方面：①联盟是由众多竞争优势企业组成的且数量较多；②联盟产生的目的是要解决成员间的共性问题。梁嘉骅等（2007）对产业联盟进行了定义，认为其是指通过建立契约而密切结合的企业群，另一层面也是指在新阶段中产生的一种经济组织形态。王磊（2007）认为，在某一特定领域中企业成员间选择一核心产业，为实现经济的规模效应而形成的产业联盟。房树华等（2008）从企业经营角度对产业联盟进行了定义，认为联盟成员间通过多种方式进行合作，以提高企业竞争力和实现资源共享等目标。袁红梅（2014）认为，产业联盟是各公司成员间结成的相互合作和整合资源的模式，它是一种联合体，成员之间互为补充、互相协作。

（2）产业联盟的分类。张海生（2007）将产业联盟划分为以下四种类型：一是技术标准产业联盟，目标是制定产业技术标准；二是产业链合作产业联盟，目标是实现产品供应链的市场竞争力；三是研发合作产业联盟，目标是提高企业技术研发实力；四是市场合作产业联盟，通过合作使联盟成员降低成本，以提高竞争力满足市场需求。在此基础上，安广兴（2007）又提出一种联盟类型即社会规则合作产业联盟，其实质是利用资源共享的方式来提高联盟成员的产品创造力与市场反应力。刘红霞等（2010）分别从技术、竞争者、资金与风险防范等角度对联盟进行了分类。代莹艳（2008）把联盟分为三种类型：营销联盟、产品联盟和技术联盟。邸晓燕等（2011）从三个维度，即市场集中度、成员间关系及差距，对产业联盟进行了划分。

（3）产业联盟标准化及实证研究。魏国平（2005）探讨了 IT 产业战略联盟的竞争优势。刘颖琦（2011）对产业联盟对技术创新的影响进行了实质性研究。王珊珊等（2012）对产业联盟的标准化进行了研究，主要分析了标准的形成、产业化和市场化。谭劲松等（2006）对联盟标准化的过程进行了划分。孙耀吾等（2011）在 SIRS 原理基础上，构建了高技术企业联盟知识扩散模型并进行了实证分析。

1.3.2.3 产业联盟研究评述

在当前市场经济快速发展的时代背景下，为提高企业自身的竞争力以及扩大市场份额，众多企业开始寻求通过合作来改变组织战略，因此合作共赢是产业联盟形成的内外部动机。从国内外对产业联盟的研究成果层面分析，产业联盟有助于实现组织的目标。企业战略联盟的提法颇为普遍，综合国内外学者对产业联盟的理解，本书认为，产业联盟是由一系列相同产业或相关产业的企业与组织机构围绕特定的产业目标，为解决产业发展的共性问题或为实现共同的产业预期，通过某种无形或有形的契约联合在一起的一种经济组织形式。通过研究国内外相关文献得出当前的研究重点主要侧重于其界定、标准化以及实证等方面。在知识时代背景下研究云计算产业联盟知识的传递、共享、创新对于整个企业，以及整个产业联盟来说都起着至关重要的作用。

1.3.3 云计算产业联盟知识管理研究现状及评述

1.3.3.1 云计算产业联盟知识管理国外研究现状

Asim N.（2010）定义知识管理下为"在不断变化情况下产生的以服务企业为目的的组织活动"，主要活动对象围绕企业的信息技术及创新开发等。Kobbacy（2011）则认为只有通过信息技术才能更好地进行知识管理，方便企业将信息资源进行转化，并将人和知识联系起来，从而进行高效的管理。Martin Schulz 等（2001）从知识表现形式出发，将其分为显性知识及隐性知识，并探讨了它们之间的转化方式及管理策略。对联盟知识管理方面的研究，主要涉及联盟知识获取、知识存储及共享等方面。在云计算产业联盟知识获取方面，Vasudeva（2013）通过引入社团因素提高联盟组织管理效率，优化了联盟背景下制度管理与其他战略资源管理的互补性。Mutairi 等（2014）在分析战略联盟知识管理系统过程中，强调了知识存储的重要性，突出了知识存储为战略联盟的知识管理框架提供数据支持的必要性。Sampson（2004）在分析 R&D 联盟知识共享过程中，为解决知识财产权利方面的困难，引入知识共享机制来提高联盟信息、数据、知识共享的效率，从而减少合作伙伴知识库中存在分歧。

由于国外信息技术发展水平较快，有关云计算产业联盟知识管理的研究成果也比较丰富，通过相关分析得出其研究重点围绕知识共享的过程、影响因素以及相关技术研究等。其中具有典型性的是 Nonaka 和 Takeuchi（1995）构建的知识螺旋模型。该理论揭示了知识创造的基本过程，包括四个子过程，即社会化（Socialization）、外部化（Externalizatino）、组合（Emobination）和内部化（Internaliaztion）。Hung 等（2011）在前人理论研究的基础上，侧重分析了有关隐性知识的共享。与显性知识不同的是隐性知识在表达及获取等方面要更加困难，研究成果有助于提高组织进行知识共享的全面性。对于有关云计算产业联盟知识共享影响因素方面的研究，Mashavave（2011）使用 PAR 方法确定了联盟知识共享过程的主要影响因素。Siemsen 等（2007）研究了最佳激励系统设计。Newell（2006）探究了知识传递失败的原因。Celino 等（2010）从知识共享过程中参与者角度出发，研究了知识发起方与接收方对共享的影响程度。对联盟知识共享技术的研究，Sunyoung 等（2015）从组织变革的角度来研究知识共享，探究知识共享与组织变革中的四个因素即任务、结构、技术和人之间的相互作用以及如何影响知识共享。

1.3.3.2 云计算产业联盟知识管理国内研究现状

国内学者姚文（2016）从广义与狭义两个角度对知识管理进行了定义，认为狭义仅仅是对知识的管理，而广义管理中还包括知识以外的对象，如组织中的各种资源等。从产业技术创新战略联盟的知识管理流程可知，知识协同是协同创新的核心，高效的知识获取、知识共享、知识创造等知识管理流程是协同的关键。云计算产业联盟知识管理的相关问题，主要涉及对联盟知识获取、存储、转移与共享等问题的研究。其中关于联盟知识共享的问题是该领域的研究热点。

国内学者主要从共享过程及模式、影响因素及机制等方面，对云计算产业联盟知识共享进行了研究。在对联盟知识共享过程及模式的研究方面。张海燕等

（2007）为实现联盟组织自主创新，通过企业与政府部门间的相互协作，研究了联盟知识共享模式及运行机制；范晓春（2008）以境外企业和国内企业组成的战略性联盟作为分析的对象，充分分析适应知识经济和经济全球化时代的知识共享模式。在对联盟知识共享过程中的影响因素研究方面，刘佳等（2013）认为，组织间的联系紧密程度是影响联盟知识共享的重要因素。王小娟等（2015）通过实证得出知识共享过程中接受方的获取能力与共享效率成正向关联。对联盟知识共享机制的研究，江涛（2013）构建了知识共享机制模型，模型中包含共享的环境、协同、存储以及平台等；周杰等（2013）从联盟成员间关系出发，探讨其对知识共享的影响程度，在此基础上构建了联盟知识转移模型。

1.3.3.3 云计算产业联盟知识管理研究现状评述

当前对知识管理的研究，主要包括其定义、流程等方面。对云计算产业联盟知识管理的研究，则包括联盟知识获取、存储、共享及其影响因素等方面。随着信息存储技术的快速发展，云计算在信息的获取及转移方面的优势逐渐凸显，研究者不断尝试将其与企业知识管理进行融合，以便联盟组织更好地进行知识共享。然而，有关这一方面的理论及技术发展还不成熟，没有形成系统化、实用化的联盟知识共享模型，如何将云计算的优势体现到知识管理过程中仍需要学者深入研究。在此基础上本书重点研究云计算产业联盟知识管理流程及共享模式，同时解决知识获取过程中存在的相关问题，以及在知识存储方面优化存储结构，深化联盟知识管理理论。

1.3.4 知识共享云平台研究现状及评述

1.3.4.1 知识共享云平台国外研究现状

国外学者的研究主要从以下四个方面进行探讨。

（1）知识共享云平台的定义及内涵。知识共享云平台是在云技术环境下基于知识共享平台衍生出来的。国外知识共享平台类似的概念有创新实验室等。美国和荷兰等国家的知识共享平台叫"创新平台"（Innovation Platform），1999 年该平台首次在美国被提出，它是企业在创新过程中的要素，能提供创新者的市场准入和知识产权保护。除此之外还有挪威的"创新实验室"（Innovation Lab）、欧盟的"创新驿站"（Innovation Relay Centre，IRC）和"技术基础设施"（Technological Infrastructure，TI）。Robertson 在产品平台设计的研究过程中指出知识共享平台主要包含三个方面的含义：它是基础性的支撑体系；由硬件和软件有机集成；为创新活动提供了公共的服务。Lemaignan 等（2010）在构建机器人认知架构知识共享平台过程中，将不同的认知模型、认知场景应用在知识处理框架中，充分体现知识共享平台的重要性。Mueller 等（2011）在构建虚拟世界知识共享平台过程中，从实践的角度充分分析了知识共享平台的定义与内涵，同时说明了知识共享平台不仅可以增进管理系统的稳定性，还能及时解决用户安全等问题，能够创造共同的协作环境。Mona 等（2014）挖掘云计算拥有的多集成知识获取、创新与共享潜力，探索了知识管理云平台的技术特点及内涵，研究表明如果云计算被成功部署，将有效利用未充分利用的计算资源，使低碳经济成为可能。

（2）知识共享云平台技术类范畴的研究。在研究知识共享云平台时，研究者曾利用本体论与知识共享进行融合，使企业在共享知识的过程中能时刻发现变化并做出应对，提高企业知识共享的效率；而针对知识共享门户及人机界面的代表性研究工作有：Tatiana Gavrilova 等（2003）在本体理论的基础上，设计出适用于联盟组织的知识共享门户；Diana Maynard 等（2004）提出了动态知识门户的解决方案等。

随着云技术的出现，运用云技术的知识共享系统的研究已处于发展阶段，并获得了许多的成果。Kevin 等（2006）通过云技术实现了有关资产方面的知识共享系统。Yongtae Park 等（2006）实现了一个基于开发角度的创新知识共享系统。Rusli Abdullah 等（2006）在前人研究的基础上，从联盟协同角度出发，实现了一个协同知识共享系统。

由美国加利福尼亚大学设计的 STARS 系统，是利用云技术进行知识共享的典型案例，其通过遵从协同设计的核心理念，将数据源中的重要信息进行集成存储与共享以提高知识利用的效率。对知识共享系统的后续优化及维护也成为当前的研究重点，Stojanovic 等（2002）基于用户行为出发，提出了一个有效的系统共享方法，能依据需求对系统进行优化与改进。Woitsch 利用 KM – Service 构建了基于服务的知识共享系统，其在知识的存储、分类及转化等方面具有更强的优越性。

（3）知识共享云平台建设研究。各国纷纷建立了跨组织的资源共享合作平台以提高产业技术创新能力。例如，北美 PNGV、NIII、SEMATECH 计划，欧洲的 EUREKA 和 ESPRIT 计划，日韩 NGM、VLSI、ITBL 系统以及英国的 E – science 计划等。H. Wang 等（2011）利用 TRIZ 理论解决知识共享建设问题，该知识共享平台能够随着新的辅助创新仪器出现而更新交替使用，并能够逐步完善知识共享系统。Rezgui 等（2005）利用 Web 服务模型解决建筑组织领域的知识共享建设问题。Grover 等（2016）将社交媒体平台与建筑行业的知识共享相融合，充分利用隐性知识的有用性构建知识共享平台。Irwin 和 Klenow 对 SEMATECH 知识共享项目进行了评价，最终结果显示该知识共享平台降低了对 R&D 的投资风险，证明知识共享平台在项目应用过程中的成功。Song Y. B. 等（2012）引入云计算技术，构建企业知识资产管理云平台，分析了该平台的建设需求，研究了云计算平台建设的特点，并提出了构建企业知识资产管理云平台的体系结构和关键技术。

（4）知识共享云平台绩效评价的研究。对知识共享云平台的运行状况进行分析，是考察其资源利用情况和配置合理性。由于知识共享云平台带来的影响是多维的，所以对其评估是复杂且有必要的。国外学者关于平台的绩效评价的研究很早并且很经典。Smith 等认为，知识共享平台不仅带来了经济效益，还产生了社会效益。所以，在评价平台绩效的时候要结合经济指标和非经济指标，从外务表现到竞争地位等全面评价平台的绩效。Branstetter 等（1998）研究了日本的知识共享平台，并考察了日本半导体产业知识共享平台的运行状况。Sakakibara Kiyonori（1993）对比了日韩科技产业政策，从经济指标投入、产出两方面衡量 R&D 绩效。Daniel 等构建了合作研发项目的绩效模型，主要包括研究能力、技术转移行为、满意度和承诺。Mathews 从经济角度出发，引入直接指标与间接指标来评价合作体的成败。Amandine 和 Catherine（2013）利用集成的方法，研究知识共享平台的运行状况。针对知识共享云平台的绩效评价研究原理与方法，与知识共享平台的绩效研究相类似，但还要从云计算角度考虑平台技术层面的效率与性能。Lin C. H. R. 等（2013）基于 Hadoop 对云平台的安全性能进行了评价，发现要构建合适的安全机制的云平台更重要的是考虑应用需求，才能满足安全性和用户需求之间的平衡。

1.3.4.2　知识共享云平台国内研究现状

对知识共享云平台国内现状进行如下研究。

（1）知识共享云平台的定义及内涵。李颖等（2010）从狭义和广义两方面对知识管理系统进行了定义，认为狭义的知识共享系统面向的是知识链各个环节，包括知识的发起方与接收方；广义的知识共享系统除了这两者之外，还包括组织内外部环境以及技术工具等。杜子兮（2011）提出广义的个人知识管理系统包含个人知识共享工具和个人知识管理系统，其中个人知识共享工具和狭义的个人知识管理系统没有严格的界限。而个人知识管理系统是指学术上提出的系统原型，这些系统专门用于个人知识共享，而针对知识共享云平台的定义，黄卫东等

（2011）认为，通过云平台提供的存储及知识处理技术，帮助用户进行知识重组，提供按需使用及随时获取的知识服务。

国内学者对知识共享云平台的内涵研究也取得了许多成果。针对知识共享平台，俞志华等（2006）认为，公共科技知识共享平台是由科研院所、企业研发机构以及科技中介机构等组成的知识共享体系，其提供科研基础条件、帮助科技攻关、科技成果推广以及人才培养等知识共享。柯新认为国家知识共享平台是国家创新实现的主要载体，为国家发展战略提供服务，由三方面组成：知识共享基础设施、制度体系及人才队伍。周元等把知识共享平台定义为由政府主导的，围绕共性技术研发提供的区域知识共享系统，能为创新需求方提供行业推广和金融信息等服务。张利华等指出，区域知识共享平台是以提升创新和竞争力为目的，整合内外部资源服务于平台之上，提高区域经济发展的实力。除此之外，吴国林和袭旭把知识共享平台归结为知识、信息、技术、人才、政策等要素的集合，实现自主的技术研发、成果转化以及信息收集、转换和扩散。从云计算角度出发，马育敏对图书馆知识云平台进行了深入研究，认为知识云平台的内涵是在抓住用户需求的基础上，明白用户的兴趣点及痛点，帮助用户进行决策以及解决问题。

（2）知识共享云平台技术类范畴的研究。从技术角度来讲，知识共享云平台的基础层级架构与知识共享平台相类似。熊回香等（2012）利用 Web3.0 技术，开发了一个知识共享平台，其中包括四个层次：分布资源层、基础服务层、知识服务层和门户访问层，实现跨社区、跨平台、跨语言的信息交互、信息聚合和信息共享。周余庆运用系统思考原理，将知识共享流程中利益相关者定义为贡献者、接收者和共享者，并构建了系统循环图。王卫东从知识使用者需求出发，建立了知识索引地图并开发出原型系统；熊义强等从研究角度出发，提出了知识共享的建立、集成及连接模型与方法。杨春立基于本体技术开发了一个知识检索系统，通过对知识进行智能化的检索，方便对知识进行更好的共享并提高了知识共享效率。云平台的设计与搭建要将云的技术优势体现出来，张君等（2014）在云平台基础上，设计出知识的入口与出口，形成企业知识创新流程，将最有价值的知识输出运用到企业的实际管理效率提升中。

（3）知识共享云平台建设研究。国内关于此建设的研究比较丰富。李忠（2004）认为科技知识共享平台的建设，需要围绕项目进行，并以科研能力为中心，采用科研岗位共享制度，注重平台组织结构、共享模式以及制度体系的建设，使其满足创新活动的需求。邱君等（2014）将云技术运用到知识共享中并给出了平台的理论架构，在此基础上研究了该平台的运行模式及机制。马卫华等（2007）在研究知识共享平台的建设过程中，首先认识到知识共享平台的文化建设是其重要建设部分；其次在组建过程中要严格按照组建条件来进行，政府应该为知识共享平台建设提供资金或者场地等优惠政策，运用科学共享方法进行人才培养，建立开放的知识共享、资源共享机制。陈磊（2006）指出，增强行业核心竞争力和自主创新能力是建设知识共享平台的目的，并整合产学研在内的各种资源解决行业发展的战略性问题，为行业提供开放的共享的知识共享平台。李颖明（2008）指出，区域知识共享平台可以促进区域创新发展，研究了如何实现科技资源通过区域知识共享平台达到共享的目的，这无疑可以提高效率，达到有效资源配置。张娜（2011）着重研究了科技知识共享平台，认为开发知识共享平台是当前社会及科研机构的重点工作，对科技创新及知识共享具有重要的支持与促进作用。薛捷（2009）在研究科技创新平台过程中，指出知识共享平台不局限于信息服务，它还提供技术研发推广、成果转化以及人才培训等服务。胡梦文等（2015）结合Web3.0 技术与知识共享理论，利用现有的平台服务，构建出属于企业自身特色化知识平台，为企业提供良好的信息环境及发展空间。在产业生命周期理论指导下，它还提出了知识共享平台的建设，并分析了产业知识共享平台的基本特征，并以案例进行实证分析。黄毅（2011）对公共知识共享平台进行了研究，分析了平台的主体成分，并指出平台需要为企业提供技术研发、产品制造及市场营销等环节上的知识共享。李增辉等（2012）为了支撑企业自主创新和产业技术进步，提出了一种面向重点产业的技术知识共享平台，构建了重点产业知识共享平台的理论模型。张立频利用云服务理论，对知识网络平台进行了构建，以期实现知识数字化与服务网络化。

（4）知识共享云平台绩效评价的相关研究。有关绩效评价理论方面的研究成果相对于更加丰富，主要围绕对平台进行绩效评价的目的、原则及意义等，其中重点研究部分应是绩效评价指标应如何建立。王琼辉等认为在进行绩效评价时应遵循科学性与系统性原则、可比原则、成长原则、定量与定性指标相结合原则。并结合直接绩效和间接绩效，对平台的服务能力进行综合评价。定明龙（2008）则设计了针对性原则、独立性原则、系统性原则、层次性原则、可操作性原则、导向性原则。王宏起等（2015）构建了资源共享平台绩效指标体系，以分析其共享和服务能力。刘英杰（2014）以项目为研究对象，从三方面设计其绩效评价指标，主要包括资金控制、实施效果以及完成阶段。张宏霞等（2015）利用云技术收集数据的准确、及时等优势，对电子政务平台绩效进行评估，研究表明云技术有助于绩效评估的客观、公正及准确性。

1.3.4.3　知识共享云平台研究现状评述

（1）尚未建立系统化、规范化的体系构架模型。由于知识共享云平台使用者大多是企业组织，不同行业及规模的企业组织存在差异性，现有的平台在通用性方面存在弊端，应依据实际需求建立个性化及自主的知识共享体系架构。

（2）对知识转换环节中的技术与方法研究不足。组织中除了有显性知识，还有隐性知识，而隐性知识不易发现且发掘价值高，如何将隐性知识进行转化在技术及方法上仍存在很大的改进空间。

从以上国内外研究现状可以看出，目前有关文献尚未涉足云计算产业联盟知识共享平台的研究，当前，由于云计算产业联盟内部在知识共享方面，如知识获取、存储、共享等方面存在许多问题，构建一个适合云计算产业联盟的知识共享平台，加强联盟成员之间及成员与内外部环境间的知识共享，为云计算产业联盟以及其他高技术产业联盟的知识共享提供指导。

1.3.5　知识共享模式研究现状及评述

1.3.5.1　知识共享模式国外研究现状

20世纪70年代，国外对知识型企业的管理模式与策略进行了一定研究，随后提出了知识管理等概念，由此知识共享的研究也引起了人们的关注。根据知识特性类型不同，Szulanski（1996）对知识共享效果相关的影响因素进行了研究，认为隐性知识的获取、转化、表达与传递过程难度较大，且隐性知识对企业发展影响程度较高，需注重隐性知识的获取与共享。对于知识经济时代环境下的知识共享模式细化研究，Ortega（2001）主要从四个方面进行了详细描述，主要包括知识库、正式知识资源交流、非正式知识资源交流、实践与理论结合。知识共享过程中注重人员的参与，Sandra 等（1997）将员工的实际情况与员工知识共享意愿之间的关系进行了详细的分析，并确定员工主动与被动共享知识的动机，从而提高企业知识获取知识的效率。知识共享通常体现于知识资源的转移，Burke 等（2000）分大步骤进行了知识转移模型的叙述，而 Jeffrey 等（2003）对其进行了改进，并从知识转移要素提出了知识共享的一般模式。

在知识共享模式理论方面，最早在20世纪90年代国外已经开始进行了相关学术研究。Senge 探讨了企业知识共享与企业知识创新之间的关系，并分析了企业内部组织、部门或团队在进行知识交流与学习过程中共享的知识，从而确定知识创新的程度。Gunnar 根据知识在联盟体内部的种类进行相应的知识转换，从而实现了知识专用化。对于知识供应链领域的知识共享模式，Roper 研究了北爱尔兰的 18 个跨国公司与本地供应商之间的知识共享模式，根据知识共享过程提出了供应链中的知识互补性的作用。Cohen 针对企业对知识资源的吸收与创新能力进行了研究，并提出了知识型企业为提升自身知识创新与知识存量水平，必须提高对外部与内部知识资源的吸收、处理能力，才能真正达到企业商业价值的目的的结论。

1.3.5.2 知识共享模式国内研究现状

针对知识共享内涵与特征方面，魏江（2004）等通过分析企业内部知识共享过程中存在的问题，提出了针对不同业务或项目类型的知识共享模式。国内学者曹兴等（2008）认为，企业知识共享过程主要由知识供给者、知识接收者、知识资源以及共享渠道等要素组成，具有知识转移的复杂性、多样性、强交互性。王硕等（2013）基于泛在学习环境下对企业进行知识共享的模式进行了研究，并提出了三种知识共享层级，即组织机构层级、机构与个人层级和学习者层级。周永红（2014）等认为，只有明确知识共享主体，并结合其共享意愿、层次、范围等才能实现联盟的高效知识共享，一般将此共享模式划分为自愿型和强制型。针对知识共享模式的影响因素的研究，颜敏（2014）对产业集群中的知识共享相关的影响因素进行了整理，并分析了知识共享与产业知识产权之间的关系，利用 SECI 模式构建了适用于产业集群的知识共享模型。赵蓉英等（2011）从关系与结构两个层次探讨了企业的知识共享模式，并依据社会网络的不同维度来确定企业内部知识共享的主要影响因素，在业务或项目执行的过程中解决知识共享的实际问题。针对知识共享模式的实现策略的研究，赵文平等（2004）认为，联盟进行知识共享通常情况下是以交易形式进行实现的，因此成员企业内部人员的知识应用基础、知识共享环境与知识共享的障碍因素的判断都会影响知识共享的具体实现。黄家良等（2016）应用大数据对知识共享模式及体系进行了研究，根据虚拟社区获取的大数据特征来优化现有的知识共享模式，从数据采集、存储、分析、发现以及知识应用等不同层次来确定知识共享具体操作。朱怀念等（2017）利用随机微分博弈方法对协同创新知识共享模式进行了研究。

1.3.5.3 知识共享模式研究现状评述

在当前知识经济时代快速发展的环境下，联盟及联盟成员企业为提高自身的市场竞争能力，必须优化现有的知识共享模式，才能从竞争激烈的市场中获取关键性知识资源，从而改善自身的竞争策略。一般情况下，知识共享模式主要涉及知识资源的获取、知识资源的存储以及知识资源的服务，因此为提高联盟知识共享效率，则需要从知识获取、存储与服务三大方面着重进行研究。

1.4　研究内容及方法

1.4.1　研究内容

通过对云计算产业联盟云平台知识共享过程的知识需求分析，揭示了知识共享平台在云计算产业联盟知识共享过程中的作用程度；依据云计算提供的服务方式，构建云计算产业联盟知识获取模式；为解决获取知识及数据的存储混乱问题，构建基于数据仓库的多维知识资源数据模式；为解决知识异质性、组织环境等问题，提出三种不同的知识服务模式；最后，通过实证研究验证本书提出的知识获取、知识存储以及知识服务模式在云计算产业联盟知识共享中的可行性与有效性。

1.4.1.1　分析云计算产业联盟知识共享及云平台架构

研究云计算产业联盟知识共享流程，分析基于复杂网络理论云计算产业联盟知识共享的动因、内涵、特征、机理。依据生态位理论分析当前云计算产业联盟知识共享的内部及外部需求，并给出云计算产业联盟知识共享过程中的详细分析内容，对云计算产业联盟云平台总体架构进行研究，对云计算产业联盟云平台的技术及层次功能架构进行细化描述。

1.4.1.2　研究云计算产业联盟云平台知识获取流程及获取模式

首先，对云计算产业联盟知识获取进行概述，得出云计算产业联盟知识获取的数据类型与方法。其次，从私有云、公有云和混合云三个角度分析云计算产业联盟知识获取的来源，并给出云计算产业联盟知识获取流程，包括知识需求的出现、知识缺口的确定和知识获取的过程描述。最后，根据知识特性以联盟体为界限提出三种云计算产业联盟云平台知识获取模式。

1.4.1.3　研究云计算产业联盟云平台知识建模及存储模式

首先，对云计算产业联盟知识存储进行概述，分析云计算产业联盟知识存储的必要性及存在的障碍。其次，分析云计算产业联盟云平台的多维知识资源数据建模，包括规则维知识资源数据建模、非规则维建模及其转换。最后，给出云计算产业联盟的行列混合知识存储模式和动态量化知识存储模式，分别用于处理显性知识和隐性知识。

1.4.1.4 研究云计算产业联盟云平台知识服务模式

分析云计算产业联盟成员间知识服务的作用、驱动力及联盟知识资源的云服务。从知识异质性、知识管理制度差异性、知识服务信息不对称性等角度分析云计算产业联盟云平台知识服务的主要障碍，并设计 3 种知识服务模式。构建云计算产业联盟云平台知识服务水平评价指标体系，对云计算产业联盟云平台知识服务的效果进行实时评估。

1.4.1.5 实证研究

选取中关村云计算产业联盟为研究对象，分析该联盟云平台目前的共享现状，依据前文提出的知识获取、知识存储、知识服务模式对中关村云计算产业联盟云平台共享流程进行实例分析，最后给出中关村云计算产业联盟知识共享提升策略。

1.4.2 研究方法

1.4.2.1 文献研究法

对云计算产业联盟、知识共享及知识共享平台等相关文献进行归纳、分析、综合研究，根据国内外对云计算技术的研究与应用的差异找出研究重点，并以此构建脉络。

1.4.2.2 多维度分析法

在研究知识存储模式过程中，根据数据仓库设计理论构建云计算产业联盟云平台多维知识资源数据模型，并应用联机分析处理非规则知识资源转换，将半结构化和非结构化的知识资源转化为适用于云计算产业联盟的知识存储资源。

1.4.2.3 动态量化法

采用动态量化方法对知识网络中的知识存量进行动态测度与动态存储，提出知识转化与知识存量激活模式。知识存量的测度、传统知识库与动态知识存储两个方面进行试验，得出知识存量动态测度对于显性和隐性知识的快速获取与存储具有高效性。

1.4.2.4 本体论

运用本体理论方法对云计算产业联盟在进行知识共享过程中的知识服务水平进

行分析，确定联盟的知识表达方式，从而明确联盟显性、隐性知识的表达方式。

1.4.2.5　模糊综合评价法

在云计算产业联盟云平台知识服务水平评价过程中，应用层次分析法与模糊综合评价法对获取的知识资源相关影响因素分析后进行效果评价，从而确定知识服务活动在联盟知识共享过程中的影响程度。

1.4.2.6　实证研究法

以中关村云计算产业联盟作为实证研究对象，验证知识获取模式、知识存储模式以及知识服务模式的可行性与有效性。

1.4.3　技术路线

本书的技术路线如图 1 – 1 所示。

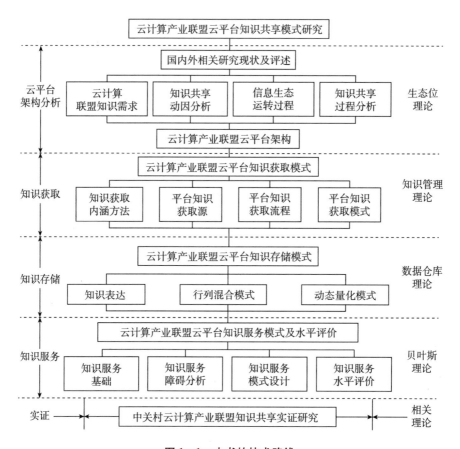

图 1 – 1　本书的技术路线

第2章 云计算产业联盟知识共享机理及云平台架构

2.1 云计算产业联盟特征及知识分类

2.1.1 云计算产业联盟内涵及特征

2.1.1.1 云计算产业联盟内涵

随着云计算理论和方法在我国的大力推行，一些云计算服务平台、企业云平台以及云数据中心逐渐成为各行各业关注的焦点，其中以云计算为基础技术支撑的企业多以技术、服务及模式创新作为企业快速发展的标准，同时在大数据环境下，云计算的发展成为多数知识型企业进行自主研发的主要动力，更多企业逐渐融入云计算产业化、科研化、高端化联盟中，将企业管理及服务以云计算为导向，以知识资源和技术资源作为交流与竞争的主线，以核心产品为代表，汇聚云计算产业供应链上下游企业核心知识来充实自身的知识存量，为进一步促进云计算领域产学研合作奠定扎实基础。

从狭义角度来看，主要指以云计算产业供应链为中心，促进供应链上下游企业应用云计算理论及技术，提高企业间的合作效率的一种组织形式。从广义的云计算产业联盟来看，其包含企业、科研机构等一些与云计算相关的组织，这些组织以合作契约为规定，形成一种内在联系。组织间通过信息资源与知识资源共享和整合构成云计算网络，加速云计算技术的高效应用与发展。

云计算产业联盟成员企业主要以创新型、应用型、服务型等企业为主，国外云计算产业联盟企业主要有 Vmware、Atos 等。国内云计算产业联盟企业主要有百度、宽带资本、用友、TCL、龙湖地产、中科院等。组建云计算产业联盟的目的是通过联盟体整合，以整体化思路使国内云计算相关企业或组织协调发展，推动云计算在中国的应用业务服务发展，从而提升我国云计算技术水平和相关云计算产业市场竞争力。联盟凝聚云计算产业链上下游知识资源，促进云计算领域的合作与开发，不断提高知识创新能力，为营造良好的云计算产业发展奠定良好的基础。

云计算产业联盟服务内容主要包括促进企业间的项目业务对接，推荐重大云计算应用模型与方法示范，从而提高企业产品创新能力。在一定程度上，云计算产业联盟能够加强联盟成员间的技术交流、信息沟通，以普通业务交流为基准，以知识学习活动为具体沟通方式，提升成员各自的知识吸收与创新能力，优化现有的云计算技术管理与应用模式，知识服务活动在云计算产业联盟进行知识共享过程中，主要体现于联盟成员企业间的项目及业务合作，还体现于联盟企业或联盟体与外部企业或外部联盟之间的业务往来。此活动能够规范现有的市场行业交互行为，也能够为良好产业合作氛围提供保障。在进行联盟内部与外部知识的共享后，能够实现知识资源最大利用，以专业化的知识服务来实现联盟成员内部、联盟成员间以及联盟与外部企业或外部联盟间的知识交互，提升联盟成员以及联盟整体在市场行业中的地位。

2.1.1.2 云计算产业联盟特征

随着互联网技术的兴起与发展，近年来大数据技术、理论与方法的运用让各行各业不断加深对新技术的需求，对于提高企业的业务处理能力有着更高、更快、更稳定的要求。因此，对云计算的研究与运用成为了现阶段所有企业重点考虑的对象。2009 年，我国的云计算开始由理论转为实践，其中最具代表性的企业有 IBM、EMC 等，这些企业利用云计算得到的项目解决方案从而推动了企业经济的发展，同时也推动了云计算在我国的发展，以下给出云计算产业联盟的具体特征描述：

（1）区域性。在现阶段已有的云计算产业联盟中，联盟成员具有一定的地域性质，因此受到地域因素的影响，云计算技术的应用情况也有所不同，造成了云计算产业联盟应用云计算技术的程度也不同。在云计算产业联盟成员中，不同的省份、地级市、城区等成员企业对推动云计算产业联盟的发展影响程度不同，其中推动力最强的是工业园区，能够将云计算相关的技术与实际的工程项目进行结合，并快速地将理论与实践相结合，并投入生产中，大大提高了云计算产业联盟的整体经济水平。

（2）产业目标性。生产力水平提升是云计算发展的最终目的，也是云计算产业联盟发展的根本动因。在云计算产业联盟成员进行组织合作过程中，云计算技术水平和产业生产力水平的提升程度决定了联盟成员企业的发展程度，云计算的应用能够使产业链上下游企业的知识资源凝聚，加快合作方的应急反应速度，做到即时响应，并改进现有的问题解决方案。

（3）组织结构开放性。云计算产业联盟对成员企业来说能够最大程度地规避风险，降低规模效应，在信息与知识资源方面能够实现资源共享，对成员企业或组织的发展与稳定有着重要的作用。云计算产业联盟，多以产业链为主，包含产业链上下游企业及供应商，根据产业链的实际情况，调整联盟成员企业间的资源调配，能够提高成员企业进行高效合作的积极性，随着联盟的不断发展，联盟在新旧成员间交替互换，以良好的资源开放性吸引更多的企业、组织或科研型机构加入，不断壮大联盟体，使联盟在现阶段的市场竞争中占据领先地位，从而为联盟成员提供更多的资源和保护。为充分表现云计算产业联盟，本书将其划分为核心成员、非核心成员以及外延成员，三者之间的关系描述如图 2 - 1 所示。

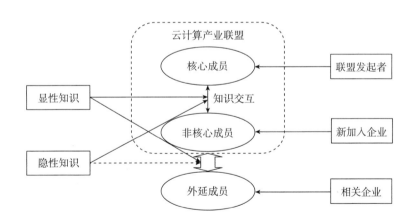

图 2 - 1　云计算产业联盟的成员构成

（4）联盟内部关系灵活性。在云计算产业联盟中，联盟成员根据不同的合作与竞争性质将成员间存在的关系进行细化，以资源和利益为中心进行合作竞争，并非以传统的市场交易形式、关系进行资源的互换与项目合作，通常以合作竞争同存的形式表现成员企业在联盟中的地位。由于联盟成员间多以产业链的上下游供应商关系存在于联盟中，使得联盟成员在某一领域的创新通常会引起同行的关注，促进多方企业协同创造新的知识或新的资源，使其能够在合作过程中保持独立、自主、目的明确，从而实现合作多方的利益最大化。

2.1.2　云计算产业联盟知识界定

知识通常被认为是浓缩人类智慧结晶的一种形式，其因是不同的使用者表现的程度各不相同，最为常见的是通过研究、实践来表现相关事务的内在联系，通过使用科学方法和技术将更多隐含在事务发展过程中的有用知识以可理解的、可显示化的方式呈现在人们面前，让更多的人了解知识在人类社会发展过程中的原理、真理及重要性。总之，知识是人类积累的关于自然和社会的认知和经验的总和。关于"知道是什么"的知识，记载着与事实相关的数据的数据；关于"知道为什么"的知识，记载着自然和社会的原理与规律方面的理论；关于"知道怎样做"的知识，是指针对某类工作的实际技巧和经验；关于"知道是谁"的知识，是指知识载体，主体如何创造这类知识的相关信息。

在当今信息化、数字化、网络化的知识经济时代，知识已经成为云计算产业联盟发展过程中的重要因素，本书将云计算产业联盟知识共享模式中的知识定义为来源于联盟成员之间，通过知识的生产、获取和利用，帮助企业在知识流动过程中进行价值增值。

2.1.3　云计算产业联盟知识分类

知识的主要功用就是能为企业创造价值，特别是针对云计算产业联盟云平台中的企业来说，知识获取的种类以及共享的效果直接影响到企业的收益及市场竞争力。为提高云计算产业联盟知识管理平台的适用性，充分了解联盟内部每个子成员对知识的需求情况，本书从知识的应用情景、表现方式以及吸收程度等方面对知识进行分类，构建一个系统化、层次化的知识管理系统。

知识以显性和隐性两种方式存在。显性知识通常指的是可以被识别的文本、文档、符号等，可以在人们进行知识交流时以结构化或半结构化的形式进行传递，如专利、工作流程、参考文档等。根据以上描述可以看出，获得显性知识只要获取相应的权限即可，同时在获取后也有相应的学习指导文件进行参考，便于联盟成员的学习、交流与吸收，且传播和复制简易便捷，价格低廉。隐性知识，也称缄默知识或默会知识等，是指那些难以用文字和语言所描述，不能够被清楚表达或通过观摩等形式获得的知识，即"只可意会不可言传"的知识。隐性知识通常被认为是由认知、情感、信仰、经验和技能五大要素共同组成，其根据不同的知识载体而被细化，例如个人、团队、专业和非专业的隐性知识等。隐性知识与显性知识相比更为主观，其原因多在于隐性知识存储于人脑中，隐性知识只有人在进行项目、任务等活动中才能体现出来，甚至有些隐性知识即便相关知识载体（人）进行工作，普通人也很难看出，这就是隐性知识非结构化的形式和专有属性的重要表现，由此造成了知识传播成本较高，且已提取的隐性知识较难传播，传播范围较小的问题。

使用者在不同的情境下需要的知识不同，不同的使用者对知识的需求也不同。因此云计算产业联盟知识管理平台为满足所有子成员的知识需求，应保证知识在平台中统一编码，提高知识传播速度、增强知识互补性。本书以此观点出发，对云计算产业联盟云平台知识共享模式中的知识进行了重新分类。

（1）企业核心知识。企业的核心知识是云计算产业联盟云平台中的企业能否提升联盟地位的重要影响因素。核心知识属于企业的创新型知识，包括技术创新、产品创新以及企业管理流程创新。在云计算产业联盟知识管理平台中，联盟成员倾向于保护这类知识，不愿进行知识共享，以维护自身在联盟中的竞争地位。但云计算产业联盟成立的目的就是为了降低企业的创新成本，提升成员之间的知识共享效率，因此在知识管理平台中可以适当地共享企业核心知识，在不损害企业竞争地位的同时也能获得需要的创新型外部知识。

（2）互补性知识。除了企业核心知识，影响联盟运营及管理效率的另一个重要知识类型就是联盟成员之间的互补性知识。这类知识一般不直接影响企业的市场竞争力，而是通过作用于企业所在的供应链上下游而间接影响竞争力。若企业将互补性知识共享给上下游成员，不仅可以提高产品供应量，增加销售量，还能为企业创造更高的价值和市场竞争力。当然，互补性知识除了可以在联盟内部进行共享，还可以在联盟之间进行共享，以提升整个产业的竞争力。

（3）游离知识。根据政治经济学可知，知识资源在企业创造过程中的价值体现于对知识的认识程度。认识通常是以游离态形式呈现，在企业中则表现为以非商品、无主权、无占有的状态。然而，联盟成员企业甚至个人只承认可见的物质产品的价值，却忽略了知识的真实价值。无主游离的任何知识人类都可以根据自身需求随时对其进行无偿利用。这种游离的知识常常可以在云计算产业联盟云平台运作过程中获得，其对企业的整体知识共享效果没有大的影响和价值，但对企业的任务完成却有着细微的作用。在云计算产业联盟云平台中，基于完善的信息交互网络，企业通常会将这种知识放置在平台上（储存在平台知识库中），联盟其他成员企业如果想获取这类知识，可以增加查询与检索成本来获取权限，但这是一种消极的知识共享方式，不建议采用。任何一种知识都具有其存在的意义和价值，因此这种知识的存在对联盟知识共享效果也是有一定作用的，当游离知识范围越大，则越有可能带给联盟成员企业额外的收益。

（4）联盟公有环境知识。联盟公有环境知识通常指的是云计算产业联盟在进行知识共享过程中，所处的市场竞争环境带来的知识以及联盟内部成员企业影响的环境知识。本书认为，该知识在联盟内部应进行充分共享，只有达到充分共享，才能实现联盟成员间的合作信息互通，在激烈的市场竞争环境中占领重要地位。这些联盟公有环境知识主要体现于基础科学的重大信息，以及市场竞争造成的法律、法规、政策的变动等。同时，这些知识实际上成为云计算产业联盟进行知识共享的一个重要构成要素。出于研究的方便，本书将它视为外生的，在云计算产业联盟云平台知识共享范围内被联盟成员普遍认知，与联盟成员在知识共享过程中参与与否并没有直接关系。

2.2 云计算产业联盟知识需求分析

对云计算产业联盟进行知识共享之前，首先需要明确云计算产业联盟中的知识需求，为实现联盟成员间高效的知识共享，联盟成员不仅需要获取联盟内部的相关知识，还需要收集有关联盟外部的核心及先进知识。下面分别对云计算产业联盟外部及内部的知识需求进行分析。

2.2.1 云计算产业联盟外部知识需求分析

云计算产业联盟外部知识需求主要涉及三类即核心知识、先进知识和创新知识，由于这三类知识对云计算产业联盟进行知识共享具有重要的战略价值，并且对于联盟外部用户的知识资源需求与交互具有重要影响，其获取率与利用率均能影响用户在市场中的地位，和企业的核心竞争力。因此，找出联盟企业对这三类知识的缺口，明确获取这三类缺口知识的成本是必要的。

2.2.1.1　核心知识需求分析

由于核心知识是联盟内企业掌握的最低限度的知识，是企业生存的最基本要素，有些联盟企业在实施多元化成长战略时可能会出现该类知识的缺口。缺乏云计算产业的核心知识，会造成联盟成员企业中存在知识分布不均匀的现象，形成局部的知识缺口。联盟企业存在这类知识缺口，并不能说明企业知识存储量不够大，造成这一问题的原因可能是由于企业现有的知识资源的存储量无法满足其对知识获取的需求。在云计算产业联盟中核心知识是指知识利用率高、知识可转化性能高、知识资源核心价值度高等的知识，且这部分知识大多以隐性知识为主，对于显性部分知识则相对较少。对于这些可视化的显性核心知识资源联盟成员企业可以通过共享条件与规则进行联盟协商，或通过联盟与合作方进行沟通，进行隐性知识、技术、经验购买，对于显性知识可以在官网付费获取，对于联盟企业内部未能够获悉的隐性核心知识则需要企业改善现有的知识共享体制，优化现有的知识资源共享激励机制，使更多的与核心知识相关的人员共享出更多的知识，从而降低联盟成员企业从外部获取同等资源的成本。这类知识获取方式要具有一定的安全保障，避免知识资源的外泄。

2.2.1.2　先进知识需求分析

由于技术更新频率不断加快，云计算产业联盟成员在技术方面通常制定创新战略，联盟成员所拥有的知识资源不能满足于创新过程中所需要的所有知识，若无法满足先进知识需求，那么联盟成员存在先进知识缺口。这些缺口知识在其所属行业内已经具有相应的成熟度，可以通过技术转让等方式从掌握知识的企业中获取。对于云计算产业联盟成员涉及的高技术知识相关需求，需要通过技术转让的方式来弥补知识缺口问题，但这部分知识对于一些联盟成员来说具有很高的成本压力，因此先进知识是联盟成员在进行企业转型或企业改造的过程中必须获取的一类知识。

2.2.1.3　创新知识需求分析

对创新知识存在需求的云计算产业联盟成员来说，一般联盟成员已对其所属产业内的先进知识和部分创新性知识有一定的控制力，在产业内处于主导地位。但由于其所处的市场环境变化的迅速性和高技术生命周期的不断缩减，所以联盟成员必须通过不断的创新来保持自己的领先优势，联盟成员必须坚持快速革新以保持优势地位。为保持这种领先地位，要始终坚持知识创新战略，要不断地创造和利用创新知识来提供创新产品和服务，与此同时可以看出联盟成员对已有的知识存量的不满足，需要结合获取的知识资源和可创新知识，利用联盟提供的专业化的知识服务来提高联盟成员的技术和知识创新能力，为解决知识缺口创造出更多新的知识。这种情况下，联盟成员对相关创新知识的获取难度非常大且成本很高。

2.2.2　云计算产业联盟内部知识需求分析

云计算产业联盟除了明确有关联盟外部的知识需求，还需要分析联盟内部知识需求，下面从嵌入自身服务的知识、客户知识、联盟者的知识三个角度进行内部知识需求分析。

2.2.2.1　嵌入自身服务知识需求分析

嵌入自身服务的知识是云计算产业联盟云平台为提供知识共享自身所拥有的那部分知识，具有很高的附加值，是提供知识服务所需知识的主要来源之一。知识共享平台是联盟企业之间知识交流沟通的窗口，其目的是为不同企业的不同知识需求提供相应知识服务。而嵌入服务的知识正是在提供服务的过程中，平台自身所形成的特有知识，主要包括显性知识和隐性知识，联盟成员如果对所需的知识有疑问，那么需要与平台所提供知识服务有关的基本信息及在长期服务实践中经理解和思考而形成的隐性知识进行对比分析，并根据嵌入服务的具体操作要求进行知识类型转换。

2.2.2.2　联盟者知识需求分析

联盟者的知识，即来自于云计算产业联盟自身的知识。在知识经济时代环境下，云计算企业为适应日益变化、竞争激烈的环境而形成的一种战略合作体形式，主要由企业、组织、研究机构所组成，因此将以联盟成员共同的利益最大化作为联盟体的发展目标，以规范化和集中化的形式来促进联盟成员间进行知识的传递、知识的接收、知识的存储以及知识的学习。由此可以看出，联盟者之间的知识表现了联盟成员的信任以及知识的互换真实性，例如基本资料、项目合作相关产品知识、部分核心技术共享、知识服务体系和范围共享等。由于云计算产业联盟云平台具有的特点，决定着联盟成员知识获取方对知识资源的需求多样性，使得联盟云平台必须充分利用一切有利资源来优化现有的知识共享体系和系统，提高联盟知识服务水平，从而实现联盟间以及联盟内部的知识共享。

2.2.2.3　客户知识需求分析

客户知识一方面包括了联盟成员企业,另一方面包括了联盟外部有需求客户所拥有的知识。根据事物的双面性可知,在云计算产业联盟知识共享过程中,知识资源的需求者即用户同时也是知识资源的供给者,因此联盟云平台在进行客户知识服务过程中,必须做到能够与客户实时交流,保证信息交流通畅,避免因消息闭塞而造成的知识资源丢失现象。同时,这个交流过程,也是客户在进行知识学习的过程,也是客户进行知识资源应用反馈的过程,这些含有此类信息的知识包括了基本信息、工作经验、应用反馈等的过程。对于云计算产业联盟云平台来说,最主要的客户知识来自于客户对平台知识服务有价值的知识。

2.3　云计算产业联盟知识共享动因

云计算产业联盟知识共享的动因主要包括外部动因与内部动因,如图 2-2 所示。

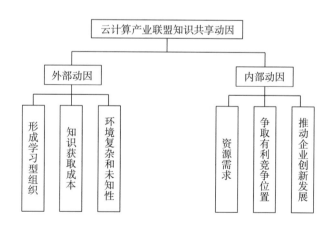

图 2-2　云计算产业联盟知识共享动因

2.3.1　外部动因分析

外部动因主要包括形成学习型组织、知识获取成本、环境复杂和未知性三个方面。

（1）形成学习型组织。企业遵循管理理论，基本划分为两种对立的企业，一种是等级权利控制型，最典型的为家族企业；另一种则为非等级权利控制型，主要指以学习现有管理方式进行管理优化的企业为合作型企业。前者在企业发展过程中注重企业权利的等级分化，企业的知识发展一般以金字塔的形式体现，权利是这类企业的唯一标准，因此造成知识的获取、知识的流动等通常以单向形式进行传递。在知识经济时代，以知识来改变企业现状成为大多数企业改革创新的重要途径。因此，等级权利控制类型企业的管理模式有所改变，逐渐改变为以学习为主、以共享为辅的合作竞争管理方式，在瞬息万变的市场竞争中占据有利位置。面对全球向经济化和信息化发展，越来越多的企业选择与同类型企业形成合作联盟，来提升自身的市场竞争力，将企业的管理重点逐渐转向企业的知识共享，全面提升企业知识吸收与整合能力，改善知识企业自身的管理现状。云计算产业联盟中企业对知识资源的获取、吸收、转移是一个复杂的学习过程，往往不能通过成员企业间简单合作来实现，需要联盟成员在合作过程中快速了解学习的知识，并及时反馈学习和吸收的情况，使得联盟知识共享者能够做到统筹处理，再反馈给相应的合作双方或多方，实现知识资源吸收与利用的循环反馈。针对联盟的知识共享研究无疑是推动联盟创新发展、增强联盟竞争力的核心环节。

（2）知识获取成本。在市场竞争激烈的知识经济时代，企业知识溢出、知识价值评估困难等造成了企业的核心竞争力低下，从而增加了企业对必要知识资源获取的成本。企业内部知识创新能力低下造成了产品生命周期缩短，具有可用性的异构知识闲置，使企业需要花费更多的资金成本来对知识共享体系进行优化，以增强知识资源的利用能力与创新能力。因此，联盟成员企业只有借助知识共享才能有效降低知识获取的成本。通过云计算产业联盟云平台来获取异质知识，除了可以减少获取过程中所需的时间、费用、劳动等交易成本外，还可防止由于技术研发革新过程中的不确定性和复杂性所带来的潜在风险。联盟成员在竞争合作过程中能够主动积极参与联盟知识共享，在联盟成员企业间实现知识共享经验、知识共享模式、知识获取方法的战略性知识的分享，这些都有助于联盟成员企业增加彼此的信任度，实现合作能力互相认同，从而根据合作方式与模式来确定联盟成员间的统一目标和行为规范，进而抵消掉因过分对知识资源的保护而造成的交易和执行成本的增加，提高联盟成员之间的合作效率。

（3）环境复杂和未知性。环境复杂与未知性是影响企业做出正确决策的重要因素之一，其常常体现为环境的不确定性。环境不确定性可分为两类：一类是宏观角度的不确定，主要包括政治法律法规、经济、社会文化等；另一类则是微观角度的不确定，来源于联盟成员内部与联盟成员之间。云计算产业联盟知识共享行为有利于加强联盟成员对联盟所处环境以及成员企业所处的不确定环境的控制，将一些不确定的环境因素与联盟本身进行统一，加强对不确定环境中的知识资源的获取与学习，从而减少不确定环境中的不可抗因素对联盟知识共享的影响。在宏观环境中进行知识共享能够促进联盟成员间合作的协调性，将信息技术与联盟成员企业的知识共享系统相融合，在企业间建立知识交流网络，即联盟知识共享网络，通过各种正式与非正式的途径使更多的节点企业获得全局性知识，使得联盟成员企业能够做出及时反应。对于微观环境的不确定性，则需要联盟成员内部实现知识共享的目的统一，减少联盟成员企业因知识缺乏而造成的知识共享与获取行为障碍和决策失效现象发生。只有在不确定的宏观与微观环境下，及时了解与获取最新的知识动态，才能保证联盟的高效知识共享。

2.3.2　内部动因分析

内部动因主要包括资源需求、争取有利竞争地位及推动企业创新发展。

（1）资源需求。知识资源的需求是云计算产业联盟合作过程中的关键，也是联盟成员伙伴之间进行竞争合作的关键因素。在联盟知识共享过程中是通过知识资源共享与互补的方式来实现资源最优配置，但是联盟成员对知识资源的依赖性不同，造成了联盟知识网络中的节点企业知识占有量也不同，因此联盟成员企业若在联盟中占据有利地位必须拥有一定的核心知识资源（关键性资源）。云计算产业联盟成员间的项目合作与知识资源具有一定的互补性，只有通过知识流动才能实现联盟成员间的知识互补与共享，增加联盟成员知识资源的存量，进而使得联盟成员企业的核心业务能够用更多的核心知识快速完成，最终提升企业自身的市场核心竞争力。

（2）争取有利竞争位置。由于政治、经济等一些客观原因与企业自身竞争能力低下等主观原因，造成了企业在市场竞争中处于不利位置，影响企业的产品创新与知识创新。云计算产业联盟将一些企业以联盟的方式聚拢在一起，这些企业之间存在的关系可能是无关联、竞争、合作等，但在联盟体的环境下，这些联盟成员企业之间自然形成了竞争合作的战略伙伴关系，从而为联盟成员企业在有利的市场竞争位置提供绝佳的机会。联盟成员企业根据不同的需求与相应的联盟成员企业进行协商，确定竞争关系还是合作关系，从而改变现有的市场地位。通过构建或加入已有的联盟来改善企业的竞争位置，可以突破垄断壁垒，为这些潜入者提供了一条捷径。

（3）推动企业创新发展。当今市场瞬息万变，制约企业顺利发展的不是资本而是创新能力，而企业创新能力主要体现在对知识的创新，例如企业核心知识创新、企业互补性知识创新以及企业游离型知识创新等。云计算产业联盟的成员种类多样、成员数量庞大，如何有效地利用及共享其中蕴含的大量知识，对推动企业创新发展具有重要的动力。而在云计算产业联盟知识管理平台上，对这些大量知识进行融合与交汇，是企业实现创新发展的有利条件之一，也是联盟提高管理及运营效率的有效手段之一。

2.4　云计算产业联盟知识共享信息生态运转过程

信息生态系统是在生态系统学基础上被提出来的，信息是该系统的基本单元。在此系统中所有活动都是基于信息来实现的，例如，信息的流动、转化以及共享等，在此基础上形成信息生态系统这个有机整体。企业所处的组织环境中无处不存在着信息流和信息行为，同理，在企业知识共享环境中，知识共享作为企业内的一种信息行为，在信息技术的推动与支持下，会不断与周围的信息环境相互作用。本书将组织生态学中借鉴生态位对云计算产业联盟的知识共享活动进行分析，从而以生态位对知识共享过程涉及的知识资源与信息资源流动进行分析，对进一步研究云计算产业联盟知识共享网络结构和模式以及其影响因素有重要帮助，对联盟成员知识共享过程与实践创新环节提供了强有力的理论支撑。

2.4.1　云计算产业联盟知识共享信息生态要素

知识共享的信息生态要素主要从知识共享的主客体、共享环境以及技术要素进行分析。

（1）知识共享主体要素。在云计算产业联盟知识管理平台中，知识共享的主体主要是知识共享活动的参与者，包括知识的发起方、接收方以及传递方。可以是个人、企业或者联盟，当知识共享活动在联盟内产生时，联盟中的个人或者企业都属于知识共享主体，相反知识共享活动发生于联盟之间，则联盟本身就属于一个知识共享主体。而知识共享主体对知识共享环节具有重要的牵引作用，这些主体者之间如何进行知识的发起、分解、传递以及接收，都时刻影响着联盟的发展与知识创新。

（2）知识共享客体要素。主要是指知识资源本身，包括主体间所共享的知识的内涵和分类。知识是人类在实践活动过程中经过日积月累而形成的成果，因此这些知识具有显性与隐性的区别。云计算产业联盟进行知识共享的根本目标是促进联盟成员之间的知识共享，扩大知识储备量，进而在共享过程中走可持续发展战略。联盟中的知识有不同分类方式，从知识拥有者角度，可将知识分为个体知识、团队知识和组织知识，包括联盟内企业外部传递和转化的知识；从知识呈现的角度来看，将联盟知识分为隐性知识和显性知识。

（3）知识共享环境要素。依据信息生态系统理论，知识共享活动除了具有主客体要素，还应分析知识共享活动所处的内外部情景，即知识共享环境要素。环境要素具有更新性及不确定性，时刻分析知识共享环境要素的变化情况可以帮助联盟对知识共享活动进行有效的掌控。一般情况下，知识共享环境要素分为两大类，一类是影响知识共享活动的各种政策、制度、文化等软环境要素，另一类是影响知识共享活动的各种硬件条件的硬环境要素。

（4）知识共享技术要素。在信息技术手段的作用下，知识共享技术一般涉及计算机技术、知识检索技术、搜索引擎技术、网络技术等，其通常作用于知识产生、传递、存储和交流的各个环节中，有时需要多种技术同时交叉使用。知识共享技术有不同分类方式，本书重点研究在知识获取、知识存储与知识共享过程中所涉及的方法与技术。

2.4.2　云计算产业联盟知识共享信息生态链

信息生态链由信息、信息人、信息环境等基础对象构成，是一种新型的信息系统，在对信息的交流程度和共享速度方面效果更明显。云计算产业联盟知识共享在本质上是知识流动的一个过程，与信息生态链存在相似性，信息生态链是信息在各节点中流动的一个过程。因此，可以从信息生态学角度出发，分析云计算产业联盟知识共享的信息生态链系统。如图 2－3 所示。

知识供应者位于该链条的起点，为联盟知识共享活动提供基础；知识传递者位于该链条的中间环节，促进知识共享活动的有效进行；知识传递者对接受传递

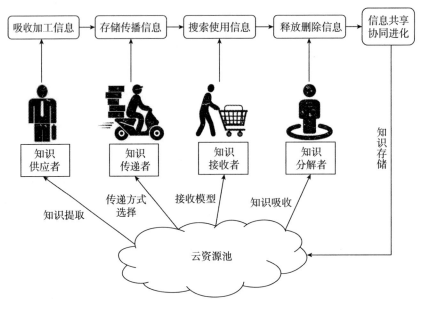

图 2 – 3 信息生态链运转过程

过来的知识进行搜索使用，知识分解者位于该链条的末端，是知识实现自身价值的最终节点，也是知识共享活动过程的终点。知识共享中信息生态链的结构主体是不同的信息成员，信息生态链运转时知识在不同信息成员节点之间进行流动，而知识流动的动力主要基于不同信息成员对于知识的需求和自身价值的追求不同。

基于信息生态链的云计算产业联盟知识共享是在信息生态链的共享渠道下由提供知识的主体向接收知识的主体进行共享知识。信息生态链下的云计算产业联盟知识共享的过程如图 2 – 4 所示，云计算产业联盟知识共享过程的信息生态链包括了知识共享的环境、主体、渠道以及客体四大部分，其中，不同的知识共享渠道对知识资源以及共享主体的要求不同，造成了信息生态链下不同的知识共享效果，在信息生态链中知识共享的主客体都被称作为信息的主体，也就是知识的实际载体。

在知识共享过程中，提供知识的对象在自身知识储备量的基础上确定本次所需要共享的知识，在识别评估所选定的知识后，把部分知识转化为文本、音频、图片等基本形式，即知识的选择编码阶段，最后编码后的知识被知识提供对象以知识共享渠道即信息生态链的路径传递给知识接收对象。接收对象根据自身能力，对所共享的知识进行内化学习，在此过程中转化为自身的知识资源，最后将完全内化后的信息反馈给知识提供方，以便于未来的知识共享优化借鉴。

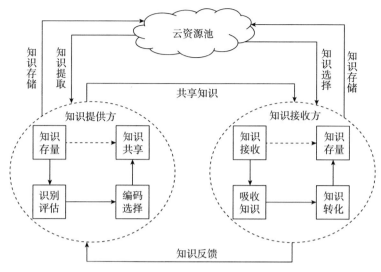

图 2－4　信息生态链下的云计算产业联盟知识共享过程

2.4.3　云计算产业联盟知识共享的信息生态位

知识共享中信息生态位的维度是指在共享过程中知识主体占据的位置，如图 2－5 所示。

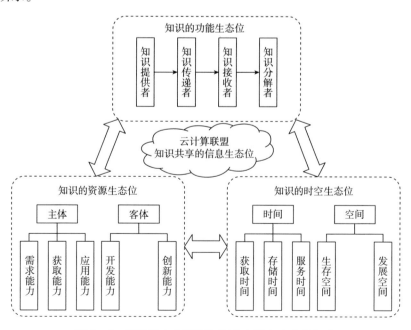

图 2－5　云计算产业联盟知识共享信息生态位组成

（1）知识的功能生态位。由于知识主体在知识共享过程中所处的节点不同，发挥的动能也存在差异，因此通过知识主体所充当的角色来分析知识的功能生态位。知识主体主要对知识进行发起、传递、转化以及接收等活动，相对应的每个主体对知识的需求与操作决定了其在功能生态位中的角色与位置。

（2）知识的资源生态位。云计算产业联盟中的成员企业拥有各自的知识资源，在知识共享活动过程中，知识主体拥有的资源直接决定了其在共享过程中的地位与主导权。因此，根据知识主体占有的资源构建资源生态位，可以帮助联盟成员及时分析自身所拥有的资源，并促进对资源的高效利用，提升企业在知识共享活动中的地位。

（3）知识的时空生态位。知识在联盟成员间进行传递与共享的过程中会消耗一定的时间与空间，意味着当企业进行知识共享时会花费时间成本与空间成本来完成知识的存储、吸收与转化，最后实现知识的价值。因此，知识主体对知识的处理与存储能力将直接影响其在知识时空生态位的地位，同时也反映了企业的知识共享水平与能力。

本书旨在分析云计算产业联盟知识共享，并对联盟知识共享过程中的关系进行分析，包括联盟知识共享的影响因素、知识共享网络结构和知识共享模式。其中从信息生态因子角度出发来找出影响云计算产业联盟知识共享的因素，包括知识共享的主体、客体、环境和技术，为联盟知识共享提供了理论支撑。

在信息生态链的基础上，分析联盟知识共享网络的形成。共享网络由知识提供者和接受者、知识共享构成，在此构成过程中包含知识的提供者和接受者与知识共享平台之间将隐性知识转化为显性知识的外化过程以及将显性知识转化为隐性知识的内化过程，同时知识的提供者和接收者与知识共享平台之间存在交流和反馈。

云计算产业联盟成员在知识共享的过程中为知识的提供者或者接受者，从信息生态位角度出发，联盟知识服务是知识共享过程的一个重要环节，在信息生态理论下云计算产业联盟知识服务模式包括联盟内外知识服务模式、联盟成员间知识服务模式和联盟成员内部知识服务模式。云计算产业联盟知识共享机理模型如图2-6所示。

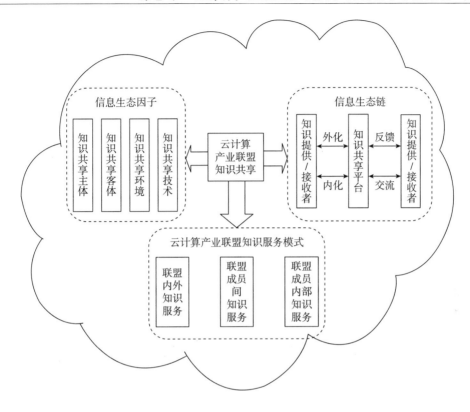

图 2 - 6 云计算产业联盟知识共享机理模型

2.5 基于复杂网络的云计算产业 联盟知识共享过程分析

本书所研究的云计算产业联盟知识共享过程包括知识获取、知识存储及知识服务三个主要部分。

2.5.1 云计算产业联盟知识共享网络

随着复杂网络理论及方法的兴起，各行各业与各个学科领域中都将复杂网络应用于理论与实践中，使其成为了学科研究与方法创新的重大突破点，同时也为考察相关研究对象提供了独特视角和分析方法。本书将复杂网络理论借鉴到云计算产业联盟中并给出知识处理的具体流程，以促进联盟整体创新能力的提升。

2.5.1.1 复杂网络

是由大量的节点企业与企业间的关联（连线）构成，其具有复杂性、多变性等特征，且通常以大规模网络形式体现于生活中，例如万维网、生物信息网等。

2.5.1.2 云计算产业联盟知识共享网络构建

基于复杂网络相关分析，给出本书研究对象云计算产业联盟知识网络相关定义，即行为主体为实现自身既定的目标而与联盟成员以网络形式进行互通，通过此网络实现技术、经验、管理模式等知识的传递。云计算产业联盟知识网络由网络中的节点及节点间的关系组成，节点之间的知识交流关系包括正式和非正式两种。联盟知识网络中的节点通常包括企业、组织、个人、科研机构等，节点均是联盟成员主体，云计算产业联盟根据节点间不同的关系以不同的连接度进行彼此关联，使更多的联盟成员在这个知识网络中占据独立节点位置，且联盟知识网络以拓扑形式将中心企业以知识交流为手段进行扩散，详细描述如图2－7所示：

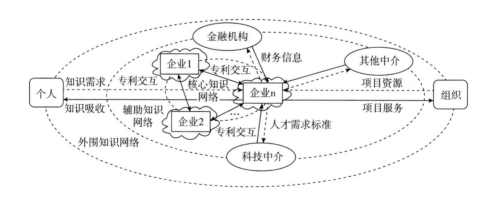

图2－7　云计算产业联盟知识共享网络构建

（1）核心知识网络。核心知识网络在云计算产业联盟知识网络中作用重大，其决定着核心知识的流动与交互，是联盟成员企业最为关注的网络。核心知识网络中各节点通过竞争与合作关系、产业链上下游关系、企业与服务机构的服务关系等进行连接。在核心知识网络中的联盟成员企业之间联系密切，往往通过以上不同的关系连接手段来提高知识资源的转移和知识交流的速度和频率，联盟合作成员间彼此以严谨的互动学习方式来进行知识共享或获取操作，从而改善联盟及联盟成员知识创新过程中的利益共享的局面。核心知识网络的形成与运用对云计算产业联盟及联盟成员企业能否成功进行知识共享起到关键作用，最终影响云计算产业联盟知识创新绩效，影响联盟成员企业的市场核心竞争力。

（2）辅助知识网络。辅助知识网络在云计算产业联盟知识网络运行过程中起到辅助支撑作用，其中包括金融机构、科技中介及其他中介。这些机构组成的辅助知识网络位于云计算产业联盟知识网络的中间层，起到承上启下的作用：一方面以辅助知识网络为核心知识网络中的企业或组织提供金融知识、技术咨询等；另一方面辅助知识网络从外围知识网络中进行知识获取，并将其进行知识转化，从而提供核心知识网络服务，同时也从核心知识网络中提取核心知识传递给外围知识网络。辅助知识网络中的节点汇集了不同领域的专业人士，为云计算产业联盟技术的顺利应用和知识的高效扩散与转移提供更加科学全面的服务工作。由此可以看出，辅助知识网络能够促进云计算产业联盟知识资源的提取与利用，改善联盟成员项目开发的技术创新、营造良好的合作环境，在其运行的过程中，能够增强联盟成员企业间的知识资源调配能力，保证联盟知识共享活动的高效运行。

（3）外围知识网络。在外围知识网络中，主要以外部企业、个人为主作为联盟知识网络的节点。其中，外部企业通过核心知识网络来获取联盟内部的知识资源，而个人则根据企业或组织需求以个人名义从联盟中获取一些核心知识资源，由此构成了外围知识网络。在外围知识网络中，云计算产业联盟成员中主要以企业、科研院所等为主作为外部知识资源核心，外部企业为联盟的知识创新提供了人才及论文项目资源，具有学术能力的组织或个人等能够改善联盟的理论知识，通过理论知识的学习与了解，与实际的项目任务结合能够充分提升知识资源的使用效率，将创新知识和科研成果实现快速高效的扩散和转化。

综上所述，云计算产业联盟云平台知识共享的成功与否取决于联盟成员间的知识获取、知识存储、知识服务以及知识资源吸收能力，它的复杂性是由联盟成员间知识特性连接关系决定的。因此，可以将云计算产业联盟的知识活动以复杂网络进行表示，并应用复杂网络理论及方法对其进行细化研究，明确云计算产业联盟在复杂网络情况下的知识处理流程。

2.5.1.3　云计算产业联盟知识共享流程

在知识共享领域，Robin Cowan 在复杂网络基础上提出知识扩散模型，分析研究了网络结构和知识扩散的相互联系。基于此模型，本书给出云计算产业联盟知识共享过程，详细描述如图 2－8 所示。在云计算产业联盟知识共享过程中，成员将获取的新知识资源与本身已有的知识进行内化和重新融合，通过知识型人才或团队在知识学习后创造出能够提高企业核心竞争力的新知识，并通过联盟知识网络将新的知识共享给合作伙伴，从而提升联盟整体的知识存量水平。联盟企业经过获取存储网络中扩散的创新性知识，在自己能力基础上进行知识创新，继续向网络中传递部分新知识，从而实现知识从获取、存储到服务的过程，达到知识共享的目的。

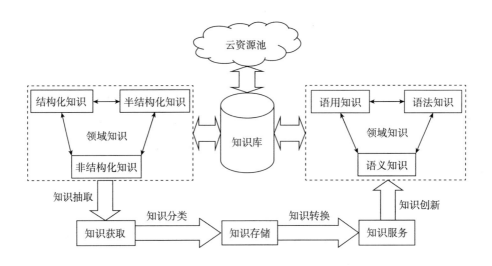

图 2－8　云计算产业联盟知识共享过程

（1）知识获取过程。云计算产业联盟在知识获取过程中主要以知识获取方法表现联盟成员对知识资源的了解与整合程度，在此过程中知识资源常常表现出游离状态，联盟成员可以根据需求进行选择性的知识获取及内化，来扩大知识资源容量，提高知识水平和增强知识创新能力。

（2）知识存储过程。联盟成员在参与技术合作过程中，获取创新性的技术和知识，利用先进的存储技术对获取的知识进行分类存储。知识存储为知识创新及共享提供知识资源支持，改变了云计算产业联盟知识网络结构，是实现知识创新及共享的前提。

（3）知识服务过程。云计算产业联盟根据存储的知识资源，以联盟成员所具有的权限给予一定的知识资源供给，当联盟成员获取其所需的知识资源后，根据其自身的知识创新能力以及共享意愿给予联盟一个知识服务信息反馈，联盟根据反馈信息对联盟存储的知识资源进行再分配与权限再规划的处理，并对联盟存储的知识资源进行调整，使更多的联盟成员更愿意进行更高水平的知识共享。成员企业参与联盟知识获取、知识存储与知识服务活动，表明企业的共享意愿已经达到了联盟的知识共享的要求，这些企业将会在知识资源交流的过程中提升本企业的技术与核心竞争力，从而改善本企业的产品创新情况，联盟成员只有通过不断的知识传递和交流才能提升自身对知识的创新与吸收内化的能力，最终实现联盟整体知识共享能力的提升。

2.5.2　云计算产业联盟知识获取

云计算产业联盟知识的获取是指联盟外部、联盟成员企业间以及联盟成员企业内部的一种知识资源获取过程。知识获取是知识共享过程中的一个重要过程，决定了知识共享效果的好坏。该过程根据联盟成员企业的核心竞争策略和知识共享能力进行有针对性的选择，并对一些知识资源薄弱、对联盟知识共享贡献较少的企业进行针对性的识别，以动态、快速的方式来捕获存在于联盟外部的游离的或其他的知识资源。云计算产业联盟成员企业间一般采用双向或多项知识流动的方式进行知识的获取与共享，相比早期的知识共享战略而言，联盟更注重知识的学习成果和效率，以及对已经获取的知识资源进行创新，进而不断加强联盟成员企业本身对市场环境的适应能力，加强成员企业的知识技术创新能力与产品更新能力，最后从总体提高联盟成员的核心竞争力。

基于这样的背景，云计算产业联盟的知识获取受如下因素的影响，综合起来，可以用图 2-9 来表述各因素对联盟知识获取的影响。

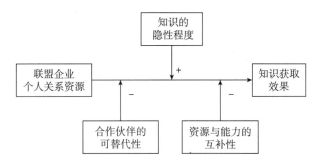

图 2-9　各因素对联盟知识获取的影响关系

2.5.2.1 联盟伙伴之间的信任氛围

由于市场竞争压力的影响，导致联盟成员伙伴之间在进行合作过程中，造成过度担心核心知识溢出到伙伴公司，造成了知识的外泄，使本公司在市场中的地位有所下降，公司由此选择高强度保护知识资源，不情愿将本公司的一些技术、经验、管理模式或方法等共享给合作伙伴。因此，为有效减轻合作伙伴对知识的保护负担，应增强联盟伙伴之间的信任强度，通过信任度的增加来给予合作或竞争的联盟伙伴间的知识资源交流更多的保障，让联盟伙伴在竞争环境下完成合作发展。

2.5.2.2 联盟知识的隐性属性

由于隐性知识具有隐藏性、不易学习等特性，造成了联盟成员间共享与学习资源的困难加大，联盟成员对隐性知识需求越强烈，导致拥有这种隐性知识的载体对其保护越强烈，因此为保证联盟成员能够顺利得到其所需的隐性知识，需要联盟给予一定的知识获取规定，让更多的联盟成员愿意主动共享一些隐性知识，同时增强一些企业对隐性知识的学习能力。如果云计算产业联盟成员企业间交流互换的是显性知识，则需要合作或竞争的企业从知识共享层面角度出发，以一些程序化的方式实现知识的交流与学习等，但对于隐性知识的交流和学习，则需要参与企业增强各自的人力资源的知识共享，从而增强联盟成员企业间与企业内部对知识资源学习的积极性，以及知识共享的主动性。

2.5.2.3 联盟知识的相关性

由于云计算产业联盟成员间的知识存量水平不同、知识学习能力与知识吸收能力存在一定的差异，导致联盟成员企业间存在一定的知识势差，这种知识势差越大，联盟成员在进行知识获取与知识共享过程中容易形成知识共享缺陷和对知识资源的需求与供给的价值影响也就越大，极易引起联盟成员企业对知识共享或知识获取产生意见。因此，企业与联盟之间的关系越紧密，则该企业需要在联盟中占据更有利的位置才能保证获取的知识更具有价值，这就依赖于企业对知识的学习能力，即联盟成员伙伴之间的高度认识。如果合作或竞争的联盟成员伙伴能够被其他成员企业进行取代，在没有前期高度信任的基础上，极易被合作方替换，从而寻求能够为本企业提供更多的知识资源的企业，以实现知识资源互补。

2.5.3 云计算产业联盟知识存储

知识存储是云计算产业联盟知识处理流程循环的中间阶段，旨在帮助联盟从各种知识资源中得到联盟知识创新及共享所需要的知识。云计算产业联盟在知识存储的过程中，是以核心学科的知识共享平台为主导，通过一系列途径获得联盟需要的外部知识，从而提出解决知识创新及共享问题的尝试性假说或方法。

2.5.3.1　知识仓库

随着信息技术的不断创新与发展进步，知识仓库较多地被用于知识存储过程中。知识仓库是数据仓库的一种延伸，其继承了数据仓库的优势，例如数据存储量大、历史数据充沛、快速查询等，对于云计算产业联盟知识共享过程而言，知识仓库是云计算产业联盟云平台的重要组成部分，是联盟进行知识获取与处理的数据存储保障，也是联盟成员进行知识获取与服务的必要渠道。因此，知识仓库的构建必须应用高性能、可靠的信息技术进行开发与处理，主要涉及硬件资源的合理配置、知识资源的收集与预处理、信息技术的应用和知识资源保障机制等。在此过程中对于不同的知识资源类型采用不同的应对方式进行处理，对于可编码的知识资源以动态编码方式进行编号与存储，而不可编码的隐性知识则需要通过联盟成员间的合作成员进行知识学习，存储于操作人员头脑中，并由知识管理者统一管理，防止知识的外泄。云计算产业联盟云平台中的知识仓库一般建立在局域网中，属于混合型知识资源库。

2.5.3.2　混合知识资源库

混合知识资源库是关系型数据库与知识仓库的结合体，能够改善云计算产业联盟的知识资源存储现状，可以帮助联盟成员快速注册、知识资源信息发布、知识资源获取等，对联盟中成员共享的知识资源实现快速存储，提高知识资源的安全性，并提高知识资源需求者获取知识资源的速度。每个联盟企业成员都拥有各自包括注册器在内的服务器，注册器存储了三类相关注册内容：一是存储了该成员获取了哪些其他联盟成员的注册信息，同时记录这些信息知识资源的主体代号以及他的服务器网址；二是记录该成员在哪些联盟成员注册器中进行了注册，同时将这些成员的代号、服务器网址进行一一记录；三是记录的信息包括账号注册信息、知识资源主体信息、知识资源主体联系人信息和知识资源体信息等。

2.5.4　云计算产业联盟知识服务

云计算产业联盟知识的服务也就是联盟成员间以及联盟与外界之间进行知识交互的过程，在此过程中联盟成员多以知识服务者和知识接收者的角色传递知识资源，同时接收者也扮演着分解者角色，将获取的知识进行"分解"，与自身的知识资源相融合，转化、创造出新的知识，由此提高联盟成员企业自身的知识共享效率。由于联盟是由成员企业与外界环境共同组成的，知识服务可以影响联盟成员企业的知识共享效率，间接说明知识服务可以影响联盟整体的知识服务效率。知识资源的传递过程是指知识在知识拥有者与知识接收者之间进行流动，能够描述联盟内部的知识载体间的交互情况，当知识流动率较高时，说明合作的联盟成员伙伴间的知识互动度越高，创造新的知识的可能性就越高，最终促使联盟知识共享效果越明显。

根据以上描述可以看出，云计算产业联盟知识服务受到联盟知识主体多种因素的影响，造成联盟成员间的知识传递与服务有一定的困难，因此给出云计算产业联盟的知识服务相关障碍性影响因素分析，详细描述如下：

2.5.4.1 联盟成员的知识服务态度

云计算产业联盟知识服务过程是由联盟成员作为主体对象来实施，但为提高知识创新水平，涉及的知识通常以核心知识资源为主，根据经济价值理论可知，联盟成员为保护自身企业的核心知识通常以消息闭塞或扭曲知识来严密保护，对于联盟成员间的一些合作项目也是为了获取其他成员的核心知识而采用不合规范的手段进行操作，自身企业在项目合作过程中提供的知识也具有很大的差异性，由此造成的知识服务效率低下问题是联盟知识共享失败的重要原因。

2.5.4.2 知识特性因素

知识特性因素主要描述了两类知识：一类是显性知识，这类知识能够采用编码化的方式进行计算机操作，实现了知识依附载体进行快速获取、存储与传递，其在联盟内部能够实现不同知识主体间的相互服务，联盟成员主体可以利用其自身具备的访问权限来获取所需显性知识资源的下载权利，并具有一定的传播权利；另一类则是隐性知识，这类知识通常以技巧、经验等形式存储于人脑中，很难在可见的载体上进行表示。因此，这类知识在传播过程中受到人员的服务意识和态度影响，具有很难服务的可能性，如果联盟成员急需获取此类知识，则需要派专门的人与合作方进行"干中学、用中学、学中用、用后结、结完创"。隐性知识拥有者通常能够将其所具备的隐性知识进行灵活运用，由此造成了隐性知识不能大规模被模仿或传播。由此可见，在云计算产业联盟内知识服务的过程中，如果隐性知识所占比重过大，将会严重阻碍内部知识的服务。

2.5.4.3 联盟成员的知识学习能力差异

知识学习能力是指联盟成员企业在获取相应知识资源后，通过企业内部相关知识共享部门或人力资源对该知识资源进行知识转化、吸收的一种能力。由于联盟成员涉及拥有不同层级知识存量水平的企业，科研能力不同的成员间知识学习能力也有所差异，造成了新的知识的吸收能力差异较大，直接影响联盟成员的知识利用率。如果云计算产业联盟成员在合作之前的知识了解度与知识学习能力较低，极易导致联盟内的知识服务水平不佳。

2.5.4.4　联盟成员的关系特性

云计算产业联盟成员间的关系特性主要体现于维持关系的力度、组织间的相互信任、以往合作历史及合作氛围等，这些关系特性对成员间的知识服务各有不同，例如，维持关系的力度不够直接影响知识互补资源的补充量，使联盟成员间获取对应知识的机会减少，造成知识共享效率低下；组织间的相互信任度不高，联盟成员对知识资源的保护度极高，直接影响知识服务过程中知识资源的缺乏，影响联盟成员知识投入的积极性，最终都会影响知识服务水平不佳。

2.6　云计算产业联盟云平台架构

在分析云计算产业联盟知识共享平台的体系结构时，需要提供一定的工具和机制帮助促进联盟成员交流和共享结构化的显性知识和非结构化的隐性知识。云计算产业联盟知识共享平台能够为联盟成员提供即时的知识交流环境与空间，使更多的联盟成员参与到知识互动中，提高了联盟知识资源利用率。在此知识共享平台中，知识资源通常以文档、文本、项目任务等形式体现，联盟成员在加入其中后可以通过获取权限来进行知识提取与共享，还能捕捉到快速完成任务的知识资源的线索。此外，考虑到知识资源推送效率低下问题，云计算产业联盟应用动态推送和 E - mail 等方式来进行消息推送，使知识共享平台具有良好的可扩展性、可继承性，从而实现知识共享平台的框架优化与知识资源的动态推送的目的。

2.6.1　云计算产业联盟云平台技术架构

根据知识的性质可以将与云计算产业联盟知识共享相关的知识资源分为显性知识与隐性知识的获取、存储与服务。显性知识一般是指可以进行编码、度量、可视化的知识，该种知识可以进行计算机操作，实现快速获取与存储；而隐性知识通常指的是存储于人脑中的技巧、经验等，该种知识无法以计算机进行智能处理。在云计算产业联盟成员企业中为解决知识创新相关的技术与工具的问题，必须解决知识资源在联盟成员间和联盟成员企业内部的传递问题，这些问题决定着知识资源的获取与转化，最终影响着联盟整体的知识创新或服务的能力。在前面论述的云计算产业联盟知识网络的基础上，探讨云计算产业联盟云平台中的知识获取子系统、知识存储子系统、知识服务子系统的具体实现技术。

2.6.1.1 知识获取子系统实现技术

知识获取子系统是云计算产业联盟云平台的输入系统，是知识共享工作的基础。知识获取子系统先将拥有丰富可用知识信息资源进行获取，然后根据联盟及联盟成员企业对知识的需求进行信息资源的筛选，对其中的核心知识资源进行筛选和提取，将提取的结果提供给知识管理者进行进一步的知识挖掘和创新。根据知识的特性，知识获取也从显性和隐性两个角度进行操作。对于显性知识联盟采用的方法是能够快速解决与获取显性知识的分布式处理框架与技术处理，利用并行处理搜索引擎获取显性知识，其能够实现动态、快速、准确地获取知识，并确定知识资源的存储位置。对于隐性知识联盟采用的方法则是利用知识专家查询方法进行判定，快速确定与掌握知识的存储位置，利用已构建的知识地图进行知识资源的重新组合与配置，本书通过知识专家地图按照项目实施经验、工作技巧等属性来确定专家，如此可以最大程度地提高知识获取的效率，让更多的联盟成员在发生知识共享问题或有相关的知识需求时可以访问知识专家地图，以最快的速度找到相应的专家进行咨询，高效、快速地完成指定的任务或项目。

2.6.1.2 知识存储子系统实现技术

知识存储子系统是云计算产业联盟知识共享的中心环节，是对联盟获取到的相关知识进行处理与收集的系统，其中，既包括显性知识，也包括隐性知识。知识存储子系统介于知识获取系统与知识服务子系统之间，因此该子系统的优劣直接影响到知识共享的效果以及联盟成员对知识吸收的能力，这直接影响到联盟成员的知识共享的成败，甚至影响到整个联盟的知识共享的成败。在知识存储子系统的实现过程中，联盟主体主要研究实现的标准与方法，根据知识的特性实现知识资源条理化，使更多的知识资源可以以编码的方式存储于已有的知识仓库中。对于知识资源条理化主要是指联盟成员在获取相关业务关键知识时，按照既定的规则或模式从海量知识资源数据或信息中剔除冗余或"噪声"知识的一般过程，这些知识通常包括与业务无关的知识、冗余知识、限定使用对象的知识等，在删除这些知识后，根据知识资源对合作项目或用户需求的重要程度进行分等级、分类别进行存储，在此基础上建立相关知识"对象"，以此让知识重用效果更加明显。知识标准化则是在知识资源条理化处理后的操作，其主要针对形式混乱、表述不清晰等知识进行标准化处理，该处理过程对于知识资源编码操作人员有很大帮助，且能进一步优化现有的知识资源。在知识存储子系统应用过程中，最后的操作即为知识资源分类编码，该操作能够满足联盟用户对知识更好共享和应用的基本需求，联盟成员按照知识的特性进行相应的知识编码，对于一些隐性知识则需要采取个人管理或团队管理的存储方式实现，而此编码方式适用于大部分的显性知识，一方面可以提高知识资源存储的效率，从而增加联盟以及联盟成员企业的知识存量，另一方面该编码方式能够提高用户访问与查询知识资源的效率，从而提高联盟成员的知识获取与知识创新的能力。云计算产业联盟知识共享平台知识获取及存储所用技术，具体如图 2 - 10 所示。

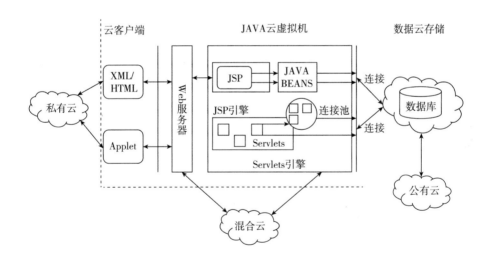

图 2 - 10　云计算产业联盟知识共享平台知识获取和存储技术

2.6.1.3　知识服务子系统的实现技术

知识服务子系统是联盟云平台中应用环节的重要组成部分，其主要作用是对处理后的知识资源进行输出，使具有特殊权限的用户可以通过此系统进行数据访问，该系统进行知识资源服务是基于知识获取与知识存储子系统，将两个子系统获取的知识资源以及处理的结果进行综合分析，并将最终给用户呈现出其所需的知识表现形式。对于显性知识，云计算产业联盟知识服务子系统通常采用知识地图进行表示，知识地图能够为用户提供知识资源的存储位置，并将联盟成员企业中各种知识资源存储接口进行集成，供相关用户参考。网络技术的发展使隐性知识的交流变得更加方便和快速，更便于联盟成员运用知识推送技术进行知识交流和传播。

针对云计算产业联盟云平台给出技术架构，如图 2 – 11 所示。

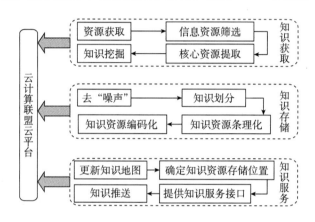

图 2 – 11　云计算产业联盟云平台技术架构

2.6.2　云计算产业联盟云平台层次结构

云计算产业联盟云平台是将信息技术作为主要支柱、在联盟中各个节点知识库的基础上建立起来的联盟知识共享系统，该系统可支持各联盟成员企业间的知识共享与合作，甚至联盟成员可以利用云计算产业联盟云平台来管理本企业的知识资源运作。云计算产业联盟云平台除了运用知识获取、知识存储以及知识服务相关的技术外，还需要从系统架构设计的角度对知识共享系统进行分析，在设计的过程中主要应用了系统集成与动态交互的方法和技术，实现了联盟外部知识资源与内部知识资源的动态集成与扩散，使联盟知识共享平台服务更多联盟成员，且服务效果更佳。

从云计算产业联盟知识共享特性可以看出，在整个知识共享过程中，联盟成员提出的知识资源需求具有多样性、复杂性、多变性等特性，因此云计算产业联盟云平台在设计与构建的过程中必须结合开放、灵活、松散耦合的分布式应用系统架构才能适应联盟成员间不断变化的合作方式及业务流程重组的一般情况。本书提出的云计算产业联盟云平台共分为六个层次，如图 2 – 12 所示。

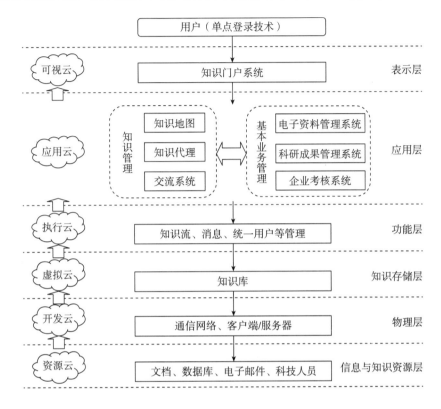

图 2 – 12　云计算产业联盟知识共享系统框架模型

2.6.2.1　信息与知识资源层

信息与知识资源层，它是云平台的关键层，它和客户端/服务器或浏览器/服务器一起构成高性能的数据库、数据仓库，为各种知识资源获取、知识的转移与转化、知识的存储内化与后期应用提供基本支持。具体包括：各节点企业数据库和组件库。由于云计算产业联盟成员企业间的知识差异性不同，导致知识存量水平不同，造成各联盟企业对知识的访问与应用时采用的术语和概念不同，差异性较大。因此，利用元知识来对其进行相关的语义表达，在语义映射后构建云计算产业联盟中所要表达的知识对象全局概念与各节点成员采用的局部概念之间的对应关系。

2.6.2.2　物理层

物理层可分为两个子层面：第一层是专门支持知识传递过程的通信网络层；

第二层是客户端/服务器或浏览器/服务器层，它是进行获取存储信息、知识的物理结构以及物理层的重点环节之一，与通信网络共同为知识共享提供一定的硬件支持。利用物理层中服务总线提供的适配器，将各个系统连接到服务总线上，服务总线则利用适配器提供和获取需要交互的信息，然后采用总线配置管理将信息返回给服务请求者。

2.6.2.3　知识存储层

知识存储层作为平台层次架构的第三层，其中，包含很多关于知识存储的相关技术，并由统一的知识库组成，主要负责响应检索请求、知识的存储以及安全管理等工作。云计算产业联盟为存储获取的知识资源、经过处理后的知识资源以及创新的知识资源构建了特定的知识库，使全部信息数据存储在具有逻辑统一的知识库中。

2.6.2.4　功能层

功能层是平台层次架构的第四层，主要包括知识流程、消息、统一用户管理等。功能层只是在系统分析与构建的过程中的一种理论分析层次，从该层次可以确定云计算产业联盟云平台的整体功能结构，具体描述该平台提供给联盟成员的知识获取、知识存储以及知识服务工具和方案。功能层从实际业务需求中提取出一个个相对独立的抽象功能模块，对具体业务进行封装和对对外接口进行定义，进而实现功能模块的共用和功能重组。

2.6.2.5　应用层

应用层主要为云计算产业联盟提供知识搜索、知识挖掘、知识主体交互协作以及知识服务等应用类型服务，在这个过程中为了改善服务体现需参与者给予一定的反馈信息，联盟知识管理者根据反馈评价信息进行系统优化，并为联盟成员提供知识地图以及联盟知识专家网络来解决更多的知识使用问题。其中，知识地图可以用来说明知识的具体位置或来源，知识搜索和知识挖掘功能实现系统决策支持，利用 Web 开展相应的交互协作工作，实现知识的高效服务。

2.6.2.6　表示层

表示层是联盟成员和知识共享平台的接口，是完成用户与平台交互的界面。主要负责对用户操作做出反应和显示相关处理结果，通常可以由知识门户技术来实现。联盟成员采用多种终端通过门户访问层的相应界面可以注册、登录，并以个性化的视图界面返回到客户端。

2.6.3　云计算产业联盟云平台功能结构

云计算产业联盟云平台支持来自联盟中的企业、科研机构等之间跨组织的知识共享，持续的在线交流，通过知识传递与交互来提高联盟知识服务效率。该平台的功能主要有三个方面：知识获取、知识存储以及知识服务，具体的平台功能结构如图 2 – 13 所示。

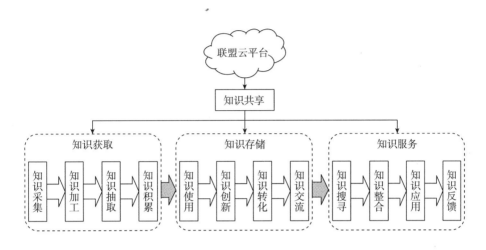

图 2 – 13　云计算产业联盟云平台功能结构

2.6.3.1　知识获取

知识采集和加工是指依据联盟成员对知识的需求，利用现实的有限条件对知识进行搜索与收集后，将它们存储累积起来，根据知识形态的不同分为显性知识和隐性知识。本书的研究对象为云计算产业联盟，其通过云平台进行一些知识资源操作，利用既定的知识采集算法和知识资源管理系统进行联盟内外部资源采集，存储于知识云中，为后面对知识资源的预处理与加工提供资源元数据。知识的抽取和积累主要通过设立一定的知识共享组织和机制来实现，对于部分显性知识或已显性化的隐性知识而言则需要按一定规则重组并以相应方式保存起来，有利于提高以后对知识的多次搜索和反复使用的高效性和及时性。对于已经存储的经过处理的知识资源进行需求审核，按照联盟规定再进行约束审核，进行部分信息发布，为联盟成员提供备选知识，对于已经审核成功且具有一定的再创新性的知识资源存储于联盟构建的知识库中。

2.6.3.2 知识存储

知识的使用和创新是把在知识获取过程中获取的新的知识应用到联盟工作流程、企业决策分析中，在应用过程中总结联盟成员创造出的新知识的过程。该功能主要包括知识门户确定、知识搜索、知识地图设计、专家库的构建与确定和知识学习等。云计算产业联盟成员通过以上模块操作后即可实现知识的优化与创新，在此基础上提高和改善成员企业的知识存量水平和知识创新能力。知识转化和交流是云计算产业联盟知识共享的目的与核心环节。知识经过采集加工和存储积累之后，只有通过组织的共享和交流才能发挥其真正作用和最大价值，云计算产业联盟知识共享平台为成员进行知识共享交流提供技术工具与交流环境，如主要通过知识传递（知识订阅、知识推送、工作流）和协作空间（实践社区、电子公告板、消息传递）等来促进联盟成员从中得到启发与提升。

2.6.3.3 知识服务

知识的搜寻和整合是指云计算产业联盟在知识服务过程中，利用云平台或各种公关活动来与成员企业或外部企业建立友好的信任关系，搜寻其显性与隐性的知识需求，通过知识服务专家对该知识需求进行分析与整理后，结合专家的专业知识和已有经验进行相应知识的结构化、条理化与系统化的融合。知识应用与知识反馈是指知识服务专家根据服务的企业对象特点和知识需求进行应激与优化的一种措施，能够帮助企业实现获取知识的应用和知识的再创新，而知识反馈则是用户企业根据知识的吸收与应用向云计算产业联盟反馈的一种方式，该反馈包括知识使用情况反馈和信息修正与完善需求等，从而为联盟优化现有的知识共享模式提供有效的意见。

2.7　本章小结

首先本章分析云计算产业联盟的特征及内涵，并对平台中的知识进行界定与分类。其次借助信息生态位理论明确云计算产业联盟知识共享的动因，并给出联盟知识共享机理模型，在此基础上从内部及外部两角度分析联盟知识需求。最后基于复杂网络理论给出联盟进行知识共享过程，主要包括知识获取、知识存储与知识服务，并优化现有的联盟知识共享平台的体系架构。

第3章 云计算产业联盟云平台知识获取流程及获取模式

3.1 知识获取的内涵及方法

3.1.1 知识获取的内涵

在当今知识经济迅速发展的信息化时代，知识已经逐渐成为了企业发展的核心要素，同时，知识也是推动社会进步的主要因素，如何对所需的知识资源进行快速及时获取与科学化的管理成为了企业与组织的重要工作，知识存量的多少也成为衡量企业在市场竞争地位的重要标准。知识获取涉及人工智能和知识工程等领域的核心技术，因此在整个知识共享过程中，其成为了提升知识资源竞争力的要素，在企业或组织面临知识工程运作过程中的瓶颈问题时，有效改善优化知识获取方式，能够进一步使用获取的知识资源创造出新的知识，从而满足企业对专项知识的需求。

对于知识获取的理解分为狭义和广义两种：目前研究中知识获取狭义的定义是指企业通过有限途径获取外部知识，知识获取的广义概念可以理解为企业基础知识的不断累积。对于企业来说外部知识获取主要表现形式是利用所获取的新知识迅速发现并适应不断变化的市场新环境。具体来说，一方面，当企业突破自身瓶颈找到新的发展机遇后，可以把外部成形或获取的新的知识体系加以吸收内化为自己所用来弥补自身的短处；另一方面，企业可以通过挖掘市场上新出现的进步技术、新的客户需求、新的创新性的灵感和新的竞争方式等方面的外部因素信息，经过旧知识的消化、理解、内化等过程，重新整合转化为自身所需要新知识，寻求更多新的机会。

在明确知识获取定义的基础上，给出知识获取的内涵。知识获取的内涵可以描述为云计算产业联盟成员利用云计算技术来模拟人类学习知识的行为，把合作项目涉及的相关问题进行模拟求解，将涉及的知识资源从知识来源中进行提取并整合，对于显性知识主要以可编码方式存储于特定的计算机存储结构中，而对于隐性知识则需要专业人员进行知识学习，从而实现隐性知识的传递与转化，并根据专业人员的知识信息反馈将可以显化处理的知识实现隐性知识可编码化。如果不能实现显化则需要安排人员进行学习，避免获取的隐性知识发生丢失，最终在知识工程师的指导下将获取的知识存储于知识库中，为后期成员企业进行知识学习与利用提供知识资源支持。对以上知识获取内涵的简单描述为，将知识资源从知识载体中进行提取并以可编码方式存储于计算机存储结构中的一个知识资源转换过程，该过程涉及的知识载体主要有互联网中的文档、信息，企业或组织的专利、文档等，个人的经验、技术等，知识获取过程如图 3-1 所示。

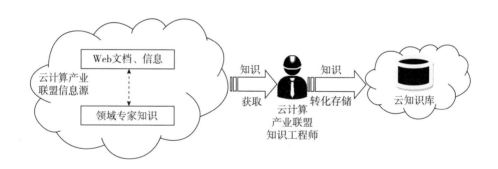

图 3-1　知识获取过程

3.1.2　知识获取的任务

知识获取是进行云计算产业联盟知识共享过程的前提，并贯穿于整个知识共享生命周期，知识获取过程主要是将联盟成员所需的知识从知识源中进行提取，通过联盟成员对知识资源的需求进行提炼，并通过知识存储结构存储于云计算产业联盟的知识库中。早期阶段主要是从知识源中提出相关元知识，为进一步分析提供基础知识资源数据；中期阶段的知识获取主要是对经过预处理后的元知识进行再加工，并把部分能够实现隐性转化为显性的知识进一步提炼，结合本书提出的知识编码化方式来对该部分知识编码化处理；后期阶段则是用联盟成员的实际知识共享过程来检验处理后的知识，进一步优化与提炼，并实现知识资源的凝练目的。

云计算产业联盟知识获取过程中主要是构建与完善知识库，从而满足联盟成员对知识资源的需求问题，在这个过程中需要完成的基本任务包括知识抽取、知识转换、知识输入与知识检测。

3.1.2.1　知识抽取

知识抽取是指为提取到适用于知识库结构的知识资源，必须通过知识识别、知识约简、知识统计与归纳等操作来进行预处理，根据知识的特性可知，在不同的知识载体中，因知识源体现不同形式，必须通过对知识载体的分析才能分辨哪些知识源对联盟的知识共享有效用，从而进行进一步的判断。

3.1.2.2　知识转换

知识转换是指把知识由一种表示形式变换为另一种表示形式。在信息网络时代，知识转换必须借助于计算机和互联网的广泛普及和应用，如果没有进行知识转换和应用步骤，知识就不能充分发挥其全部的作用、功能和价值。

3.1.2.3　知识输入

知识输入是指知识资源进行抽取与转换后，以可编码方式来存储在指定的知识库中，并对其进行再编译，该过程以云存储技术及框架作为辅助支持。

3.1.2.4　知识检测

知识检测是知识获取的验证环节，由于知识共享相关技术发展还不是很成熟，对于知识获取实际操作过程中不可避免的错误行为必须通过检测实施纠正，从而保证为联盟及成员企业或组织提供的知识具有准确性和唯一性。

3.1.3　知识获取的方法和知识类型

知识获取机制根据知识类型的不同也有着不同的方法。对于显性知识和隐性知识的相关获取方法，国内外学者已经展开了广泛的研究。

3.1.3.1　隐性知识及其获取方法

隐性知识常指难以实体表现化、无法以文本语言形式传递的技能、经验性的知识，较难获取。这些隐性知识多存储于相关合作项目或任务活动的人员头脑中，以及团队合作人员之间对相关知识的见解与合作手段中，往往是与特定的情景有关。详细描述如下：

（1）非自动获取（手工获取）。非自动知识全部使用人工进行知识获取，如图3-2所示，由于人的头脑是隐性知识唯一的存储载体，所以该种方法在很多领域中都有所使用，整个知识获取过程完全由人工手动完成，但这种方法费时费力效率很低。

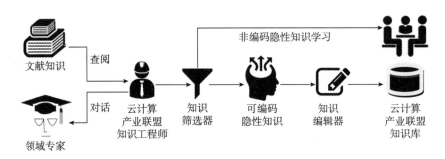

图3-2　非自动知识获取过程

（2）半自动知识获取。该种知识获取方式介于手工与自动获取方式之间，该种方法主要由知识工程师和专家系统组成。其中，领域专家主要经过系统分析，并根据多方交流合作进行知识资源的提取，将实际工作情况与专家对知识资源的获取提出的相关专业性意见进行统计，再提供给知识工程师，知识工程师依据特定的获取模式对知识进行表示，此过程需要知识工程师完成部分固定工作，工作则需要人工处理部分工作，最后的工作需要计算机独立完成。半自动的知识获取过程详细描述如图3-3所示。

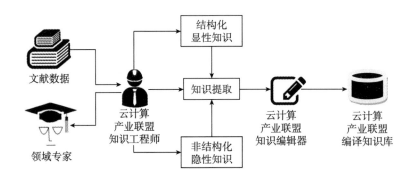

图3-3　半自动知识获取过程

（3）自动知识获取。自动知识获取方法是指相关专家或管理者直接与知识获取系统进行对话，无须计算机相关专家的介入。通过知识获取系统直接将专家之间的对话内容转化为知识库中的知识，实现对现有知识库的完善与补充，为联盟成员知识管理人员进行知识获取与查询提供知识资源数据支持。这种具有自主适应学习能力的知识获取系统将用户对获取的知识资源的理解结果通过反馈信息的形式进行自动修改，并将在获取过程中遇到的知识资源处理的问题提供给知识管理者，进行统计与分析，将分析后的结果提供给决策者，修改现有的知识获取方案，将求解过程中积累的知识以及用户再创造的知识存储在知识库中。虽然这种方法自动化程度和效率都比较高，但它涉及人工智能的许多领域，如模式识别、自然语言理解、机器学习等，各方面费用都较高的同时对硬件也有很高的要求。自动知识获取过程详细描述如图 3 - 4 所示。

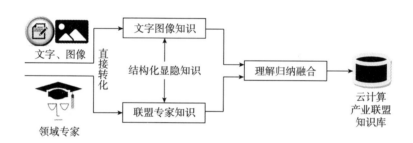

图 3 - 4　自动知识获取过程

3.1.3.2　显性知识及其获取方法

显性知识的获取方法相对于隐性知识要容易一些，自动知识获取方式能够减轻人工处理负担，缩短获取时间提高获取效率，在一定程度上通过自动获取的显性知识多以文本、图形等形式进行表现，该种类型知识能够使用计算机语言编码，从而提高了获取效率，也提高了知识获取的准确率，对于形成后的存储结构多以数学公式、规则、定义、文档和数据等表示。

（1）分布式搜索。分布式搜索是近年来国内外学者研究较多的一种搜索策略，它按区域、主题或其他标准创建分布式索引服务器，各索引服务器之间可以交换中间信息的同时查询可以被重新定向和获取的用户查询请求，在索引服务器进行过滤，从而最快找到对应的信息检索服务器。分布式搜索显性知识获取方式需要利用分布式搜索引擎予以保障，该种引擎体现为一种搜索策略，能够将传统的关系数据库、互联网站、专用文档等进行所需知识资源查询和抓取，在权限不受控的情况下，可以最大、最快、最准地获取相关领域的显性知识。

（2）数据挖掘。数据挖掘是最新也是被各行各业广泛使用的一种数据获取与处理的方式，其能够从大量的数据中提取出用户所需的、可信的、新颖的、有效的且能被人们理解的数据，可以面向传统数据库进行操作，也可以面向特别的数据仓库进行相应检索、查询和知识资源调用，对所获取的知识源进行微观、中观以及宏观的知识资源统计、分析、整理与部分内容推理，试图将与项目合作或任务相关的知识资源进行全部提取，甚至实现利用已有的知识资源对未来联盟及联盟成员企业的发展活动进行效果预测。该过程具体操作步骤主要涉及知识资源数据集选取、预处理、数据变换、知识资源数据提取和知识获取效果评估，具体分析操作包括知识资源判别分析、聚类分析、关联规则分析和探索性分析等。

3.2　云计算产业联盟云平台知识获取源

在大数据环境下，云计算技术的兴起改变了许多企业的发展方式和发展方向，其主要以互联网为依托进行一种快速计算与信息处理的方法。云资源池通常是由大量的网络计算机集群组成，为更多的用户提供存储与开发后台支撑，当用户向系统提交任务后，系统会根据用户需求从资源池中进行相关资源的调取，应用云处理器进行任务处理，使用了云计算的存储机制和高效的计算处理机制，同时也为用户提供一些免费的开发软件，最终将处理的任务结果反馈给用户，供其进行决策使用。云计算的核心理念是知识资源的集中、存储与共享，由此在云计算产业联盟云平台下实行企业或组织的知识资源统一管理调配，能够最大程度地发挥知识资源的利用率，发挥云计算使用的最大灵活度，满足更多用户的需求与服务。云计算产业联盟云平台可以实现对现有知识资源与服务技术进行延伸和变革，将知识获取虚拟化、服务化，实现知识的外化和融合，最终实现知识资源的分析与重新组合，创造出新知识、新服务。

云计算主要有私有云、公有云和混合云三种部署模型，依据这三种部署方式可以确定云计算产业联盟知识共享平台进行获取的知识来源。

3.2.1　私有云

私有云是云计算产业联盟提高知识存量的最佳知识云获取的来源，根据私有云的特性可以评估其对联盟知识获取的价值，私有云在其服务性质方面不同于公有云，用户从私有云中进行知识获取不受网络带宽、安全风险和法规的约束和限制，只要用户提供相应的代价即可获取。而公有云则不同，其所提供的服务是受到上述提出的所有的限制，并不会因为任何高昂的代价而发生转变，且一般核心知识资源都会存储于私有云中，公有云只提供一些可见、可供参考的知识资源。私有云用户使用的访问地址和网络地址都受到严格的控制和标识，所以其能够为用户提供更好的云架构，例如云开发、云存储、云共享等，同时也能在一定程度上提高知识获取相关操作的安全性和知识资源缺失时的恢复能力。

3.2.2　公有云

公有云通常是指用户将互联网作为媒介，间接同第三方供应商进行合作，从而依靠与其的合作来获得相关服务，包括知识的获取、知识的转化和知识的存储。从服务费用角度可知，知识获取环节费用使用情况相对较低，且公有云为高效知识的获取与存储提供了一种灵活、多变的知识资源部署方案。公有云按照信息公开透明、共享与获取方式透明、合作与竞争透明等来约束从公有云中获取信息的企业或组织。

3.2.3　混合云

混合云简单来说就是私有云与公有云的集合，是通过两种云的融合模式进行交互操作的结果集。在此模型下，用户可以通过访问公有云部分来处理一些非业务关键过程，将一些业务处理流程移至公有云中进行处理，对于一些关键性业务操作与服务则需要移至私有云中进行专项管理，从而实现目标与操作一致性，让管理者更容易掌控知识资源的变动情况，从而优化现有的知识存量和知识获取方式。

3.2.4　基于私有云知识获取

私有云是依靠云计算技术衍生出的一种新型共享网络环境，其基于高性能硬件与软件设施而构成，自动化与虚拟化的程度较高，且为云计算产业联盟知识获取环节提供高效的网络资源与存储资源。在大数据环境下，信息技术的不断发展使私有云逐渐转化为以应用程序为主，以服务器工作为辅的应用方式，对于不同的用户知识需求提供不同的知识资源与服务。在高可靠性和大迸发量的需求环境下，一般是利用集群实现数据中心的虚拟化。而随着虚拟化技术的不断进步与成长，联盟成员不再满足于这种以节省成本为目的的低战术性手段，而是开始采取更具有战略意义的方式来实现虚拟化过程，于是私有云技术开始被应用。基于私有云的云计算产业联盟知识获取的基础操作体系是云服务体系，其包含了公有云与私有云均使用的应用服务平台以及私有云保密型信息资源等。基于私有云的云计算产业联盟为获取私有云权限的联盟成员提供部分核心知识资源，从而满足部分联盟成员的独特性知识需求，对于部分知识资源则会在公有云中进行共享，让大多数的联盟成员可以进行访问与获取，实现联盟整体知识资源的共享性。以下主要从云计算产业联盟私有云架构和基于私有云的知识获取模型构建进行分析。

3.2.4.1　云计算产业联盟私有云架构

从结构模型来看，云计算产业联盟私有云的存储架构由以下四层组成：

（1）知识存储层。它是云存储的基本组成部分，且多以光纤通道存储设备、IP 存储设备等作为其基础存储设备。云计算产业联盟根据自身需求在对现有的网络环境进行联盟知识网络整合后，重新构建了私有的云计算环境。对已有的硬件和软件进行虚拟化处理，对运行环境实行封装处理，从而保证知识资源存储与提取的安全性，使其能够与操纵系统进行独立化处理，提高存储设备与操作系统之间的动态交互能力，从而改变了网络资源使用情况，为联盟知识共享提供更高的知识资源存储供给。

（2）基础管理层。该层次结构位于存储层之上，其主要实现云计算产业联盟知识网络中多个节点设备的协调交互工作。该管理层通过集群、分布式文件系统的方式来提高对联盟成员的知识服务水平，从而使得知识协同的访问效率逐渐增高。云计算存储的知识资源数据采用的安全加密技术能够对相关用户采用授权方式进行身份识别，从而保障知识云存储与云获取的安全，为云存储的知识资源数据备份开辟新的途径，为各类知识资源数据的容灾技术提供支撑。

在云计算产业联盟私有云的层级结构中，上层为下层服务，具体如图 3 - 5 所示。

（3）应用接口层。应用接口层位于基础管理层之上，是云存储最为灵活的核心开发部分。该层次根据不同的服务需求提供不同的服务，根据云计算产业联盟内部的实际应用出发，提供多种服务接口，为知识的获取、存储与创新提供应用服务接口，从而加快了知识共享的步伐，改善了现有的知识处理效率低下问题。

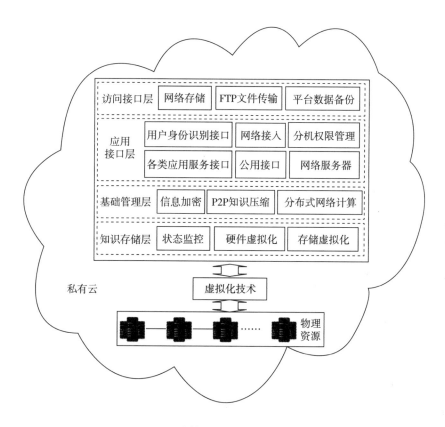

图 3-5 云计算产业联盟私有云层级结构

（4）访问接口层。访问接口层位于应用接口层之上，其主要涉及文件传输、网络存储的数据备份等操作，对于任意一个具有执行权限的云计算产业联盟成员企业均可以通过公共接口来访问私有云环境，通过私有云系统获取私有云存储中的知识资源数据，即享有私有云带来的特别服务。

3.2.4.2 基于私有云的知识获取模型

基于私有云联盟内的知识获取是采用知识挖掘、收集、分析、归纳和整理、存储等技术，通过云平台这一路径来得到联盟用户需要的各种有关于设计、制造和服务等知识，同时对这些知识进行自应用的过程。首先私有云环境下的知识是其进行知识获取的重点对象，其中知识获取的主要过程是从云平台中选择并匹配合适的知识资源，其次是对所选中的知识项进行相关排序，最后从中选择合适的知识，在此基础上进行进一步应用与共享，具体获取过程如图3-6所示。

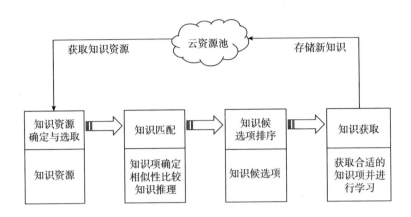

图3-6 云计算产业联盟私有云知识获取过程

（1）知识资源确定与选取。该操作是在大数据下进行的，即云计算产业联盟成员进行知识获取，具有特定权限的成员通过私有云知识共享系统进行知识资源提取，按照成员知识需求从云资源池中获取所需知识，并对获取后的有用知识资源进行进一步挖掘、分析与整合，从而构建新的知识资源列表项，为联盟成员间或成员企业内部进行项目合作而提供知识可匹配的资源项。

（2）知识匹配。知识匹配是在已经选取后的知识资源项的基础上进行操作的，其主要通过知识项的确定、知识项相似性比较以及知识推理来实施匹配操作，从而找到与自身所需的知识最为接近或相似的知识资源的必然选择过程，进而生成知识候选项。

（3）知识候选项排序。在知识匹配操作后得到一系列无规则的知识候选项，为对这些候选项进行排序与应用，本操作环节从知识相似性、知识适用性以及知识完整性的角度来进行排序，并对这些知识候选项指标进行统一分析，根据每个指标的综合重要程度来判定顺序，从而为满足联盟成员知识需求而提供知识优先级，使知识资源使用率优于现状。

（4）知识获取。知识获取操作主要应用知识快速查询和检索等相关方法，找到所需求的知识候选项，应用知识学习与知识转化算法将知识候选项进行知识整合，从而融为自身的知识资源，最终实现知识的再创新，将获取的知识资源以及创新的知识全部存储于联盟成员本身构建的知识库中，为下一次的知识学习提供知识判定资源支撑。

3.2.5　基于公有云知识获取

公有云是指为用户提供专业服务且用户访问权限较少的一种云资源，用户可以利用互联网通过公有云访问系统进行知识资源访问，根据知识需求对公有云中提供的知识资源进行筛选。公有云为云计算产业联盟提供众多的应用程序与知识公共化服务，将知识资源相关数据项以候选的形式提供给访问者，公有云访问者在使用过程中无须对其进行任何的建设性操作，只需要访问即可。云计算产业联盟为提高公有云的使用效率，可以在联盟规范中提出，访问者对获取后的知识资源的反应以及知识资源利用情况进行反馈，对反馈信息进行处理，从而实现公有云内的知识资源的更新与纠错。但公有云对于联盟成员而言存在的唯一缺陷就是知识资源数据的安全性问题。所以，联盟成员必须遵守联盟规定进行知识获取与利用，才能保证知识的真实性与可靠性。云计算产业联盟公有云是实现联盟内知识资源共享的重要保障，其在云服务提供商的服务器集群和存储阵列等基础设施之上运行，而这些基础设施的日常维护、管理、更新都由云服务提供商负责，联盟及成员不用再额外投入更多的资金进行自行开发，只需要按需给予一定的资金来获取相应的服务内容即可，且云服务能够保证知识库的稳定与高效运转。

对于云计算产业联盟对知识资源的要求，云服务提供商需要在既定的知识资源虚拟池中建立知识库服务，并为联盟或联盟成员企业提供 Web Sever 访问服务，联盟成员只需要通过浏览器访问云端即可，在支付费用后即可获取相应的开发技术、存储空间、访问权限等。联盟公有云为用户提供以下服务：统一认证、联合资源检索、元数据联合编目、联盟资源调度、知识存储和下载服务等。云计算产业联盟共有知识获取公有云途径如图 3 - 7 所示。

从逻辑上来讲，云计算产业联盟公有云进行知识获取需要依托以下三个重要组成部分，即云管理中心、云计算资源中心及云存储资源中心。

3.2.5.1　云管理中心

云管理中心为联盟服务提供了对外服务接口，同时对联盟的云知识资源进行了统一的管理、分析和调配。联盟成员提出关于整个云的知识资源的请求，云管理中心将全部接受，根据不同需求将平台管理的资源对用户进行需求分配，同时进行初始设置后将资源访问路径反馈给用户。

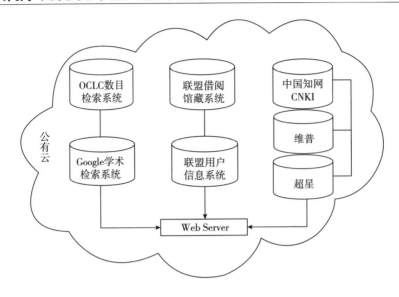

图 3 - 7　云计算产业联盟共有知识获取公有云

3.2.5.2　云计算资源中心

云计算资源中心的组成是由一些高性能物理机构成的，这些物理机将作为云计算整合的虚拟机的宿主机使用，通过这些物理机实现云计算产业联盟知识共享平台的资源调度。此时云平台管理系统根据用户提交的请求来管理与分配知识资源，实现最优知识资源调配以及虚拟机的高效运行。

3.2.5.3　云存储资源中心

云存储资源中心为云计算产业联盟知识资源存储提供了物理存储资源，同时也为虚拟存储提供了相应的技术资源，其主要是由虚拟机模板、用户虚拟机镜像以及快照等存储节点组成。虚拟机模板通常用于描述物理机的虚拟化实现，其能够将无法实现的操作通过虚拟化处理来进行，从而提高知识资源处理的效率；用户虚拟机镜像则是需要用户将虚拟机文件在创建时读入对应的物理机中，并在操作后进行虚拟化系统的加载，实现用户虚拟机镜像操作；快照操作是指使用平台过程中，将以快速读取与存储的方式来实现知识资源的快操作，通常是物理机与虚拟机之间的一种耦合关系结果，而云计算产业联盟知识共享平台则是物理机与虚拟机的松耦合。

3.2.6　基于混合云知识获取

混合云包含了私有云与公有云的共有特性，是云计算技术及概念的深化体现。云计算相关的计算与存储能力使得云计算产业联盟知识共享效果更加明显，由于混合云的应用使得知识资源相关的存储、应用与计算的效率高于私有云和公有云，近些年来混合云越来越受到企业或联盟体的青睐。通过前面的分析得出的私有云和公有云具有一定缺陷，例如公有云无法给出一个处理数据存储与应用安全稳定的解决方案，而私有云则是无法单独构建适用于联盟体或独立企业的云计算环境，从而系统维护成本增加。鉴于此，混合云既能够保证知识存储与共享的可靠、真实与安全等，又保证了知识资源相关处理的及时、高效、稳定的特性。公有云的框架仍被混合云保留，同时混合云还提高了对公有云高度的可塑性和共享性，相关重点业务和敏感数据都被存储在本地服务器中，用户通过系统提供的知识资源数据接口进行知识的获取、存储与共享等操作。

云计算产业联盟混合云是联盟公有云和联盟私有云的融合形成了混合云，其为联盟知识获取、知识存储与知识服务参与企业或组织提供按需、对外供应资源扩展等，同时在混合云中利用公有云来扩充私有云的能力，以减轻现有的工作负荷，从而提高联盟知识共享水平。在此过程中，联盟成员可以向联盟进行提交申请，由联盟整体与云供给方进行协商，为特殊联盟成员提供定制访问的 API 接口，并在整个云应用过程中，实现私有云与公有云之间无障碍的互相访问、互相操作，对于一些联盟成员无法实现且联盟体也无法满足的工作内容，可以由非联盟成员的第三方进行处理，或由第三方公有云进行集成优化，从而丰富联盟体的知识资源，扩大与改善联盟整体的服务范围和服务能力。这种混合云模式一方面保证和提高了知识的安全性；另一方面能够与其他联盟形成资源互补，为用户提供更加丰富的共享知识资源。云计算产业联盟知识获取混合云途径如图 3 – 8 所示。

借助于混合云高效的并行处理能力和强大的计算和存储能力，云计算产业联盟云平台才能够对众多数据进行迅速获取及处理。混合云架构知识获取流程途径如图 3 – 9 所示，该架构是一个层次型的管理平台架构，知识感知层处于架构的最底层，能够感知各种涉及联盟成员及业务的知识。对联盟成员感知的知识资源通过传输层传递到私有云中，进行整合分析与处理，选择由安全链路上传到公共安全云平台进行汇聚整理。最终，各级联盟成员可以利用公共云平台的高效分析处理能力进行知识的决策和共享服务。

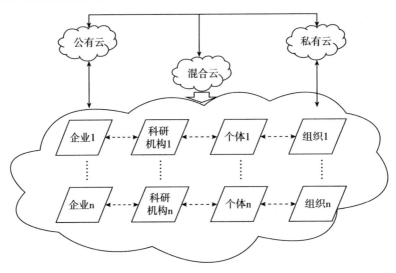

图 3-8 云计算产业联盟知识获取混合云

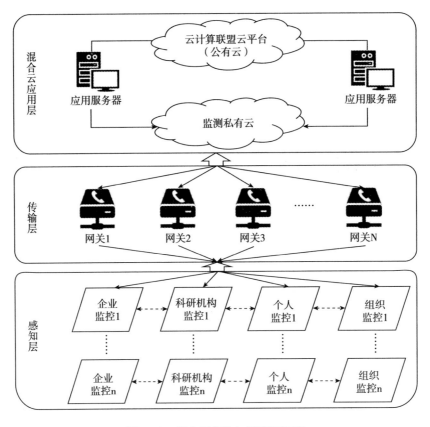

图 3-9 混合云架构知识获取流程

基于这种混合云架构，该云计算产业联盟云平台在对内外部需求知识的采集和处理中具备以下的功能和优势。

3.2.6.1　突破时空限制

利用混合云架构进行知识采集能够实现知识资源的实时感知和远程操控与传输，进而在很大幅度上提升了云计算产业联盟对联盟及成员企业面临的危机事件做出预警方案的可行性，并能提高紧急处理能力。

3.2.6.2　高效利用私有云

混合云架构应用私有云的特性使联盟内部的知识资源集中处理与存储效率提高，在知识部署服务器集群运算过程中起到了重要作用，各职能成员部署的私有云为联盟整体的知识获取提供了知识储备量，并将其对知识资源的保护措施同样实行于此处理过程，从而提高了联盟对知识资源的管控能力，确保了可感知的知识资源的安全。

3.2.6.3　海量处理与存储能力

通过混合云架构构建的云计算产业联盟云平台能够应用高性能的运算能力和存储能力对知识源进行处理，并将获取的知识资源进行快速处理，存储于特定的知识库中，实现了各个联盟成员共享的知识数据的集合，将以前联盟内部各个孤立的知识资源和信息进行重新整合分配，最终能够为知识存储及共享提供高效的支撑。

3.3　云计算产业联盟云平台知识获取流程

以知识需求为出发点，明确知识需求的生成并进行知识选择来实现联盟成员对知识的获取。知识需求是获取的驱动因素，平台根据成员知识需求进行知识源查询，用户依据查询结果进行知识选择及获取采集。

3.3.1　知识需求生成

云计算产业联盟在知识共享过程中，由于联盟外界环境的变化及技术的快速发展，使联盟成员对知识的需求不断增加，许多实施知识共享活动的企业，都在知识获取及选择部分遇到了困难和问题。而这些问题的存在，恰恰影响到了联盟知识共享整体的效果。云计算产业联盟在知识共享过程中存在如下困难与不足。

3.3.1.1　联盟知识共享实施整体成功率不高

由于我国对知识共享的理念、方法和技术引入较晚，且现阶段国内学术界与企业对知识共享的理论与实际应用研究层次还很低，大多数的企业或组织对知识共享的理解能力有限，造成了相关的知识需求不能够得到满足，且无法用显性的方式体现。企业知识共享整体的乏力和企业信息化水平低下导致了知识共享效果低下。知识转化成果较少，使企业外部有用的信息和企业从外部环境或市场中进行知识获取的工作分散、低效。这些情况均反映联盟整体与联盟成员企业在知识共享实施过程中涉及了各种问题，如果这些问题不能得到很好的解决，那么最终将造成知识共享实施成功率不高。

3.3.1.2　知识共享的技术基础薄弱

许多企业认为，信息化建设的成果已经可以满足企业知识共享的技术要求。因此，在技术角度，没有相关知识共享的新举措。技术不能够提高是联盟成员企业面临的直接性问题，这涉及知识获取、知识存储与知识共享不能顺利实施，也是联盟的知识共享高效的根本障碍。对于云计算产业联盟外部和联盟成员企业内部知识获取的相关技术的不足与缺失，需要联盟成员根据联盟要求提高自身的技术标准，与联盟其他成员企业进行合作开发与提高。该问题在一定程度上反映了我国大多数企业在知识共享战略的失策，也能反映理论与实际应用结合不全面问题，这些问题都将会导致联盟整体的知识共享环节的效率低下。

3.3.1.3　联盟知识共享工作欠体系化

云计算产业联盟在进行知识共享过程中，对知识共享相关问题一般表现为工作体系不够完善和工作目的性不强。一方面，在联盟成员企业或组织中的体现状态多表现为随机性，仅有少数成员在知识资源的应用工作过程中进行有目的性的知识共享；另一方面，大多数联盟成员即使发现内部知识共享体系缺陷问题，但不知如何进行改善，导致停滞不前，以至于企业管理水平不能得到迅速提高，最终导致成员企业内部的知识存量水平减少，知识共享能力低下，甚至导致联盟整体的知识存量水平低于平均数，最终面临联盟解体，成员企业面临倒闭现象。因此，合理改善知识共享工作体系对提高整体的知识资源存量有着必要的作用。

3.3.1.4　成员对于联盟知识共享的贡献水平低

一方面，云计算产业联盟成员企业对联盟整体的知识需求多样与复杂，对联盟整体的知识共享战略不是很了解。现阶段联盟成员企业普遍对知识共享的看法是虚无缥缈的,对其深入了解与应用的成员企业也是极少,并认为知识共享只是涉及与知识资产相关的部门或企业,与日常的工作及自身无关,这也导致知识贡献率较低,知识共享意愿低下;另一方面,有些成员即便已经了解自己的作用和在知识共享工作中所处的位置,但还是不会促成联盟知识共享。由于成员间缺少沟通,因此极大限制了知识交流,不利于贡献自身的知识、技能和经验等,使联盟知识共享整体水平较低。

联盟成员在内外部环境影响下形成了对知识的需求,知识需求产生后通过一定的传递渠道锁定目标知识源,联盟成员依据需求从知识来源中进行知识选择,形成新知识体系并进行创新性的知识共享活动,进而满足知识需求。

3.3.2　知识缺口确定

知识作为联盟成员企业及联盟体在市场竞争中的新兴核心资源,其存量的多少决定了企业可创新的程度。由于隐性知识在任何一个企业或联盟中占比最高,因此人才管理成为了现阶段企业管理的核心,在其发展过程中,对于一些决定性的知识资源缺失容易造成企业或组织的创新能力低下,从而造成了产品或技术的创新能力缺失,影响企业在知识经济时代的竞争能力。然而,在这个快速发展的知识经济时代,每时每刻都会有新的知识资源或知识力量引入,造成知识缺口的问题也在无时无刻地出现。

知识缺口有着不同的类型,通常情况下将其以组织内部和组织外部的知识缺口类型进行划分,也有按照知识的应用类型划分为科研型、制造型、管理型等,也有从知识的特性将其划分为显性知识缺口和隐性知识缺口。本书认为,云计算产业联盟知识缺口是指联盟在进行知识共享过程中,联盟成员企业提出的知识需求与联盟拥有的知识资源不匹配,造成了联盟体和成员间的知识差,由此出现了知识缺口。

本书将云计算产业联盟知识缺口划分为四大类,详细描述如图 3-10 所示。其中,联盟外部知识缺口是指联盟拥有的基础知识资源不能满足外部企业或联盟的项目合作需求。联盟内部知识缺口则因为成员间的信任度不同,造成了知识共享程度不一,形成了内部知识存量缺乏,造成联盟的整体知识储备降低。对联盟体造成最大程度影响的知识缺口类型主要是联盟的显性和隐性知识,如享受的专利、项目计划书等,而这些显性知识联盟知识在共享过程中起到了引领企业发展的作用,缺点是容易引起联盟管理混乱。作为提升企业竞争力的隐性知识多存储于人脑中，通常以经验、专业技术、技巧等以人的实际操作进行展现，联盟成员企业对人才的忽视和不关心极易造成知识贡献度降低，从而产生了隐性知识的缺口，使得联盟成员企业和联盟的知识创新能力下降。

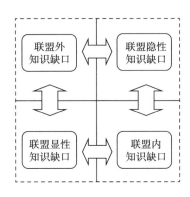

图 3 - 10　云计算产业联盟知识缺口类型

为解决云计算产业联盟知识缺口问题，必须从云计算产业联盟知识共享过程中的主体、客体、环境三个方面进行逐一解决，从而使云计算产业联盟规避市场竞争的威胁，满足联盟成员企业和外部企业或联盟的知识需求。云计算产业联盟知识识别依赖于联盟成员的知识供给与知识需求之间的匹配程度，匹配程度越高，表明联盟在知识共享方面面临的威胁越小，相反则面临较大的威胁，造成联盟的市场竞争力下降。本书将云计算产业联盟的知识系统（KS）与知识发现（KD）进行匹配，通过两大系统之间的知识资源匹配确定联盟成员企业之间存在的知识缺口（$\overline{\text{DS}}$）。如果在知识系统（KS）中可以依次找到知识发现（KD）所需的知识资源项，那么说明云计算产业联盟的知识供给与联盟成员企业对其提出的知识需求匹配度较高，而这种可以实现知识匹配的知识资源集合被存入 DS 中，以下给出云计算产业联盟知识缺口识别，如图 3 - 11 所示。

根据云计算产业联盟知识缺口识别操作，对于云计算产业联盟确定的知识缺口，主要涉及两类：一类是隐性知识，该知识缺口的确定主要依据是联盟成员基础技术团队的组成情况与项目实施所需的人才之间的匹配情况进行确定；另一类是显性知识，该知识确定缺口的确定主要是由联盟成员知识资源的需求与联盟体自身的知识存储量的不匹配性而确定的。

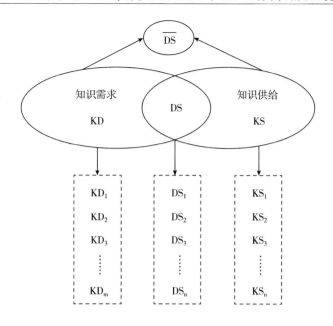

图 3 - 11　云计算产业联盟知识缺口识别

3.3.3　知识选择

知识选择是指联盟根据不同的决策环境依照知识主体来确定联盟成员所需的核心知识，并根据联盟成员自身条件来筛选知识资源，保证联盟成员能够顺利完成合作承担的任务，从而提高自身的知识存量水平。由于云计算产业联盟成员在进行知识选择的过程中涉及不同层次的决策，从而导致不同决策者的多层级知识选择，以下从微观、中观和宏观角度对联盟的知识选择进行了详细描述，具体如下：

3.3.3.1　微观知识选择

微观的知识选择主要涉及联盟整体与联盟成员企业的日常工作环境和日常业务依赖的环境，该种知识选择依赖于知识的特性，对于显性知识，主要通过知识获取的流程规范、知识获取的技术和知识资源相关数据统计等确定。对于隐性知识的选择，主要通过个人头脑中的工作经验、工作操作技巧或技术等进行确定。以上描述的均为不确定性知识来源，因此微观知识的选择主要描述了联盟成员内的组织结构与人员间的互动或技术交流的差距而造成的一种选择方式。

3.3.3.2　中观知识选择

中观的知识选择主要涉及云计算产业联盟云平台知识共享与业务运营，该种知识的选择多以信息供应方式体现，而不是以技术标准为手段，通常用来保障联盟的日常业务单元能够高效运作。中观知识选择主要涉及联盟管理过程中的人力资源、财务资源、组织结构资源等管理，对以往的知识选择与控制的战略方式进行优化，并归纳总结促进联盟成员企业高效知识共享的战略，组织群体和组织结构之间异构性造成联盟成员间的知识差是引起中观知识选择的唯一标准。

3.3.3.3　宏观知识选择

宏观的知识选择主要涉及联盟外部环境与内部核心领域，通过商业领域和联盟成员企业知识资源的变化来反映知识选择的情况，从而判定联盟成员企业间的知识资源在市场竞争合作环境下的转移能力。但在该过程中，存在知识缺口这一弊端，对知识的选择造成了资源供给与接收利用的冲突，也是联盟成员间引起知识势差的可参考因素。联盟成员从外部选择的知识主要有引进知识资源和外部信息资源，因此宏观知识选择的目标主要在于引进联盟运营和发展所需要的外部人力资源、引进技术知识资源，以及获得供应商、竞争对手、客户以及行业和社会发展等的相关信息和知识。

3.4　云计算产业联盟云平台知识获取模式

3.4.1　内部知识获取模式

3.4.1.1　主要特征

内部知识获取模式主要涉及联盟体及成员企业内部的知识资源，所以此获取模式具有内化性、隐匿性等特征。

3.4.1.2　内容描述

云计算产业联盟的知识共享过程主要的知识资源补给仍是来源于联盟内部，在联盟成员企业间以及成员企业内部进行知识获取，主要来源于成员间的知识转移及成果转化。对于联盟成员企业内部研发而言，其决定了企业新型产品和新技术的创新程度，并决定了企业获取的知识资源是否能够被企业自身进行吸收与转化，从而影响企业在市场竞争中占据的地位。除了联盟成员企业内部研发之外，云计算产业联盟的内部知识获取还包括联盟成员企业内部知识资源获取，人才是隐性知识的主要存储介质。

3.4.1.3　操作流程

对于云计算产业联盟内部知识获取的具体操作流程，主要涉及主体及主体行为，主体划分为知识资源获取者、知识资源转化者、知识资源创新者和知识资源共享者。对于主体行为则包括了参与主体在进行内部知识获取过程中的具体操作以及知识资源转化、创新和共享的实施过程，例如：对知识资源的原始数据的预处理，根据用户需求对知识资源的归类与删减，按照用户所需将一些隐性知识资源进行部分显性化，提供给紧急用户，并对一些无法进行显化的数据实施显性代替功能，以专业的操作对这部分难以进行显化的知识资源进行知识学习和处理，并通过内部知识学习为知识共享做基础准备。

3.4.1.4　使用条件

云计算产业联盟内部知识获取模式主要使用条件有三个：一是用户对联盟成员企业内部资源有需求；二是联盟成员企业对自身的知识管理模式需要进行更新换代；三是联盟成员间的合作需求需要对联盟成员企业内部进行知识处理模式优化。

3.4.1.5　知识获取保障

内部知识获取模式的基础保障措施，主要包括联盟成员企业对知识资源供给的程度、联盟成员对知识管理模式的应用程度、联盟成员企业内部对知识管理的学习了解程度和对于知识的学习和吸收能力，这些决定了联盟内部知识获取的效果。因此，通过合理优化与应用上述内容能够对内部知识获取模式的实施与应用提供保障。

通过整合云计算产业联盟内部成员企业间和企业内部的知识资源，能够将内部研发进行再细化，联盟成员通过私有云进行知识资源的购买与存储，提升联盟体对成员企业内部的隐性知识资源的利用率，从而大大提升核心技术能力。云计算产业联盟内部知识获取模式如图 3 - 12 所示。

因此，对于云计算产业联盟成员企业内部受过高等教育和技术培训的专业人员所拥有的知识进行获取的方式，决定了企业自身的知识处理能力，也决定了知识获取的效率与吸收能力。有效的人员激励机制能够促进企业内部人员对外部吸收知识的转化，从而得到企业综合新知识，创新出适用于知识经济市场的商业化

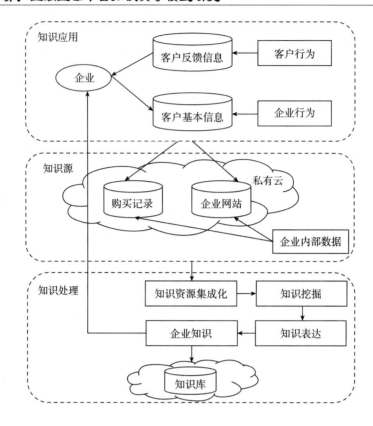

图 3-12　云计算产业联盟内部知识获取模式

应用。内部知识获取多指向隐性知识的获取，隐性知识可能存在于联盟成员企业的不同部门或不同的组织层次结构中，因此对于这些分散的隐性知识需要在全部职能部门进行统一、无重复地知识获取，才能保证知识的冗余率最低，减少企业内部知识获取的时间和成本，这一过程通常伴随着联盟对知识的观察、监控与采集，并对收集的知识或信息进行分析与整理，达到最终获取知识的目的。

3.4.2　外部知识获取模式

3.4.2.1　主要特征

外部知识获取模式利用联盟体的知识获取途径，是从外部环境、外部企业进行知识资源整合的一种方式，因此该种方式具备知识资源处理的外显性、动态性等。

3.4.2.2　内容描述

云计算产业联盟在运行知识共享活动过程中，受到市场竞争环境的影响，使得联盟必须为联盟成员企业从外部环境中的企业或联盟引入新型的知识资源，从而弥补联盟成员企业内部知识的不足。外部知识获取是指联盟成员企业主动向联盟提交申请，并通过联盟对外进行关键知识的获取，且该种知识的获取通常以显性知识为主，引入联盟成员企业内部的生产活动与技术开发的一种行为。外部知识获取在传统研究中通常是指技术资源的购买、技术资源并购甚至可以与外部企业形成新的技术联盟形式，而新兴知识的获取一般采用人才的引入或企业项目合作方式来从联盟外部引入。从外部市场环境中获取信息资源，并将信息资源按照联盟成员企业所需的知识类型和性质进行转换，该种知识获取模式不是以"契约"形式进行知识资源的流动，而是通过联盟体或联盟成员企业与外部企业进行合作协商，建立紧密的知识交流关系来促进知识资源的获取。对于外部知识获取模式而言，现阶段仍需要解决的问题包括两个方面：一是企业知识资源吸收能力与单一外部知识获取能力之间的关系；二是静态知识资源吸收与外部知识获取模式之间的关联性（关联程度）。通过分析企业的吸收能力与外部知识获取模式的关系，可以确定外部知识获取对联盟提高知识共享水平的重要性程度，而静态吸收能力与外部知识获取之间的关系则能够说明信息资源在处理过程中的失真性对企业知识吸收能力的影响，从而改善联盟的外部知识获取方式。

3.4.2.3　操作流程

外部知识获取模式具体操作主要涉及联盟成员企业对知识需求的程度，联盟成员企业提出联盟体无法满足的知识资源需求后，联盟体通过知识资源整合功能，与联盟体外界环境或外部联盟体进行知识需求的交互，从而实现外部知识资源地获取，满足联盟成员企业的需求。操作流程为联盟成员向联盟体提交特殊知识资源需求，联盟体对此需求给予响应，并向云计算产业联盟知识库进行匹配操作，根据用户权限获取相应的知识资源，当无法匹配到对应的知识资源时，联盟体会与合作的其他联盟体或其他企业进行特殊资源需求交互，并将所获取的知识资源补充到自身的知识仓库中，同时给所需该资源的联盟成员企业进行反馈操作。

3.4.2.4　使用条件

云计算产业联盟体外部知识获取模式有以下两种主要使用条件，①用户所需的知识资源云计算产业联盟体无法满足。②云计算产业联盟能够与外界企业或联盟体进行知识资源交互,并能够将交互的结果存储在自身的知识库中,同时将结果反馈给联盟成员企业。

3.4.2.5　知识获取保障

外部知识获取模式的基础主要包括云计算产业联盟与合作的其他联盟体或企业;云计算产业联盟知识库的动态匹配程度和用户提出的知识资源的准确度。因此,通过合理优化与应用上述内容能够对外部知识获取模式的实施与应用提供保障。

本书认为,云计算产业联盟在进行外部知识获取的过程中必须考虑联盟成员企业与外部企业之间的接洽能力,从而促使联盟体技术引入或并购活动的顺利实施。在此过程中,参与的双方必须按照合作目标或企业需求让出一定的资源,从而实现合作双方的利益最大化。如图3-13所示,本书对云计算产业联盟外部知识获取模式进行了详细描述,通过该图可以看出云计算产业联盟外部知识获取所需的能力以及参与的标准。

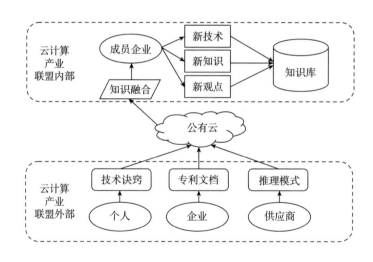

图3-13　云计算产业联盟外部知识获取模式

3.4.3　混合知识获取模式

3.4.3.1　主要特征

混合知识获取模式包含内部知识资源的获取以及外部知识整合的功能,因此该种知识获取模式具有着内外部知识资源获取的兼容性，其在一定程度上相比两种单一知识获取模式更有优势，具有着内化外显性、兼容性等特征。

3.4.3.2 内容描述

云计算产业联盟知识共享过程中，对显隐性知识高效获取的基本模式即为混合知识获取模式。以下给出云计算产业联盟混合知识获取模式，如图3－14所示。对于知识的获取表述为单方面知识的吸收，云计算产业联盟通过专利或技术购买，从外部企业或联盟中引入新的技术资源，从而提升联盟成员企业的知识存量水平，进而改善现有的技术，开发新型产品。而合作方式则是指联盟成员企业在规定范围内与外部企业进行合作开发，改善合作双方企业的现状。主要涉及企业间、与科研机构等之间的项目合作，为达到合作双方的利益最大化，必须以知识资源共享作为合作的准则，从而才能实现合作的双方顺利达成各自的目标。本书为实现知识资源的高效获取与利用，提出的混合知识获取模式，主要从企业用户需求角度出发，该模式能够为企业用户提供更多的显性、隐性知识。

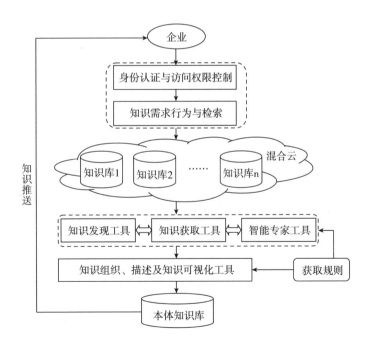

图3－14 云计算产业联盟混合知识获取模式

3.4.3.3 操作流程

混合知识获取模式是内部与外部知识获取的兼容模式，其在执行的过程中，主要受到联盟内部与联盟外部对知识资源需求的影响而改变知识获取模式的一种方式。知识资源需求方通过云计算产业联盟云平台提出知识资源需求信号，通过联盟云平台进行知识需求信号处理，并根据知识需求进行满足条件的知识资源筛选，同时确定获取的途径，利用知识发现、智能专家等工具从云计算产业联盟知识库中提取所需的知识资源。该云计算产业联盟知识库通常以动态存储形式进行知识资源的存储与调取，能够实时更新知识库资源，即根据用户需求可以动态地从联盟内部和联盟外部进行知识资源的提取与存储。

3.4.3.4 使用条件

云计算产业联盟混合知识获取模式主要使用以下两个条件：一是用户对云计算产业联盟内部和外部知识资源均有需求，即该知识需求需要通过联盟内部及外部资源整合后才能够满足用户所需；二是用户所需要的知识资源需要在联盟外环境中实现，但同时需要联盟内部知识资源做基础支撑。

3.4.3.5 知识获取保障

混合知识获取模式的基础保障措施，主要包括云计算产业联盟在行业领域中的发展状况和联盟成员对云计算产业联盟的知识需求程度等。因此，通过合理优化与应用上述内容能够对混合知识获取模式的实施与应用提供保障。

3.5 本章小结

首先本章分析了知识获取的内涵、任务及获取方法和类型，并明确云计算产业联盟云平台中的知识获取来源，即私有云、公有云和混合云三种来源；其次根据联盟成员企业自身特点和业务过程中用户所承担的任务和充当的角色等因素，明确了知识获取流程，包括知识需求的生成、知识缺口确定以及知识选择，并针对云计算产业联盟提出了内部、外部和混合知识获取模式。

第4章 云计算产业联盟云平台 知识存储建模及存储模式

4.1 云计算产业联盟知识存储必要性及障碍

4.1.1 云计算产业联盟知识存储必要性

云计算产业联盟知识存储在其知识共享过程中处于枢纽环节，能够将获取的联盟知识、联盟经验、联盟资本等以结构化和非结构化的形式存储在行列混合存储结构中，为联盟间与联盟内知识共享提供知识资源。传统的知识资源包括人力资本、工作经验和专利等，其包含了显性与隐性两种不同类别的知识。因此，对于知识的存储采用多维知识资源数据建模方式进行框架建构，并对传统数据库的行存储方式进行改进，提出了行列混合存储模式，以动态量化的方式来提高知识存储的效率。

云计算产业联盟知识存储能够弥补联盟知识共享信息技术的不足，对于现阶段的数据库与日常知识共享很难做到快速、准确定位知识资源，并对其进行标注与采选，而通过相关管理人员的经验进行统计，实现隐性知识的显性化来提高日常工作效率。知识存储在知识创新方面起到了重要的作用，其能够将社会实践中获取与积累的事物认识和经验，在知识发展过程中，随着相关人员的介入对知识的提取与存储交互进而提高了知识的创新性。云计算产业联盟知识存储能够提高联盟的知识共享工作质量和知识服务水平，提高联盟在行业领域中的竞争能力，更好地保护与留存知识资源，因此有必要对云计算产业联盟的知识进行存储。

4.1.2 云计算产业联盟知识存储障碍

4.1.2.1 隐性知识获取障碍

对于传统的显性知识，可以通过新闻网、专利网、联盟网和数据统计平台等方式进行获取，但对于隐性知识却存在很大的难度。隐性知识常存在于人员、组织或团队中，以隐含的经验、技巧等形式存在，一般情况下不以结构化形式或文档体现。通过已有学者对其研究可知，在企业知识共享中，隐性知识占主要部分，能够决定企业发展的状态与速度，但其受到个人意愿的影响，使知识获取难度加大，造成了知识无法显性化存储在既定的数据仓库中。

4.1.2.2 知识获取渠道障碍

知识存储的前提是知识获取，而知识获取渠道主要源于个人、组织或企业，但受到知识资源保护的影响，使得企业将部分隐性知识以"非文化遗产"方式进行保护，不对外进行知识共享。然而，个人头脑中的经验受到人员自身语言表达能力以及获取方理解能力的影响，使得隐性知识转换为显性知识受阻，使得知识存储无法顺利实现。

4.1.2.3 知识存储技术障碍

传统知识存储技术是将显性知识以结构化方法存储在数据库中，以记录的形式存储在单元中，并通过索引等方式进行知识资源的调取与存储。而隐性知识却常常以非结构化形式存在，使得现有存储技术较难实现。隐性知识唯一载体是人员本身，以物质性载体体现具有一定的难度。现阶段存储方式的编码只能适用于具有一定可编码性质的知识资源的存储，而对于隐性知识需要通过中间介质对其进行存储，从而实现显性与隐性知识的共存。

4.1.2.4 知识存储安全性障碍

资源存储安全是人们对知识的一种保护性的思考，在大数据环境下，知识资源的存储安全受到知识获取方法、知识提供方、知识转换方以及知识共享所处的环境等多种因素的影响。知识存储安全主要实现的目标是保护知识资源的核心数据，并确保知识资源的完整性，避免受到恶意攻击而造成知识资源的破坏或丢失。存储安全性障碍主要指知识存储监测活动受限，访问控制受限，数据处理政策不完善等。

4.2　云计算产业联盟知识表达及存储建模

4.2.1　云计算产业联盟知识表达

在知识经济时代，"本体"作为知识概念化的说明，对云计算产业联盟知识共享的客体进行了概念描述，并适用于知识共享整个过程涉及的相关环节的概念集合，其传统存在于计算机领域，且通常用于表述知识库中的元数据，其在云计算产业联盟知识表达过程中，用于表述知识存储单元。本体在知识应用领域体现为抽象化的概念模型，知识概念成为了本体在知识存储过程中的基础组成部分，同时本体在知识表达过程中以概念、关系和属性等进行知识资源的形式化的描述，加强云计算产业联盟进行知识存储的逻辑性，通常面向数据结构和知识资源数据处理，为云计算产业联盟进行知识元数据和知识共享提供概念模型描述作用。

由于知识的表达具有一定的形式化表述，因此将以概念化方式作为知识表达的主要实现方式，对于任何一个知识库来说，其具备传统数据库或数据仓库的高效数据处理能力，同时也具备知识资源处理和知识共享的功能，对于不同的知识类型资源其能够按照知识需求进行动态存储，实现显性与隐性知识的快速转化与存储。对于云计算产业联盟成员企业在进行知识共享过程中，必须先对其知识需求进行建模处理，以下给出基于本体的云计算产业联盟云平台知识共享顶层结构模型，如图 4-1 所示。具体建模的表现包括三个方面：一是知识层级化。基于知识特性，以本体对概念表述的特点来描述不同知识，从而构成不同的知识层级，因而按照不同的层级实现不同的云计算产业联盟云平台知识共享功能。二是语义一致化。云计算产业联盟成员企业在进行知识共享过程中，根据不同的企业内部对产品和技术的需求，实现联盟内部的知识需求与知识供给的交互操作，为完成这一操作必须使得联盟成员企业间的知识资源描述具有一定的语义一致性。三是模块化的知识表达。在云计算产业联盟成员企业进行知识共享过程中，标准化与模块化的知识资源对于联盟成员企业在获取与利用过程中避免资源的浪费和处理时间的浪费，并在一定程度上能够以知识表达模型来提升联盟成员的规范化知识共享，提高联盟成员内部和成员企业间的知识共享效率。

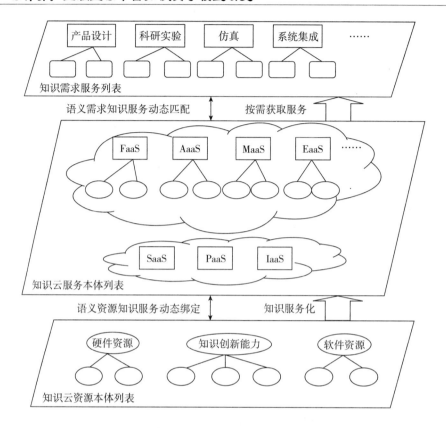

图 4 - 1　云计算产业联盟云平台知识共享顶层结构模型

本书通过本体对云计算产业联盟的显性与隐性进行概念描述，并给出了云计算产业联盟知识表达层级，其能够以语义表述将计算机处理过程进行人机对话，从而实现机器对知识资源处理后的知识表达，以形式化的语义表述方式让更多的联盟成员理解其实际操作过程，并在一定程度上实现了关联性知识的自动推理、自动形式化与规范化的操作。对于云计算产业联盟成员企业知识存储模型进行形式化的描述，如式（4 - 1）所示。

$$K = F + R + C \qquad\qquad (4 - 1)$$

式中，K 表示知识，且在知识表达过程中代表某一项知识；F 表示实际操作过程中的事实知识，其通常是指人们在日常工作过程中对待相关工作所涉及的知识的属性和特征等；R 表示知识表达规则，即在云计算产业联盟进行知识存储过程中必须按照一定的规范约束联盟成员进行知识获取与存储的行为而产生的一种关联关系;C 表示知识资源的概念,其通常描述事实中相关知识资源所具备的基本语义描述的含义说明。基于此,本书提出云计算产业联盟知识表达模型,如图 4-2 所示,该模型能够描述知识存储过程中的一项知识并非单独处理,其与实际操作过程中相关的事物属性、特征有着密切的联系,能够描述现实中的事物或知识资源本体的概念抽象,以特有的关系或规则形式化描述,实现知识资源的抽象化表示和存储。

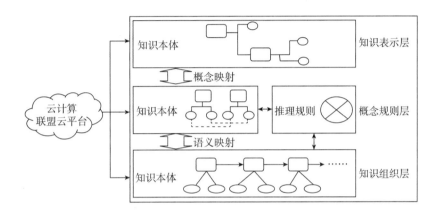

图 4-2 云计算产业联盟知识表达模型

4.2.2 云计算产业联盟多维知识资源数据建模

云计算产业联盟云平台知识共享过程采用不同的维度进行操作,包括属性维度、时间维度、人员维度、技术维度和组织环境维度。本书将应用于知识数据仓库构建的星形构建模式实现知识存储的多维知识资源数据建模,从而优化现有的知识库。星形模式能够提高知识资源查询效率,减少不必要的数据表的连接操作,增强用户对数据仓库的理解与使用,方便对知识的获取与存储。云计算产业联盟云平台的多维知识资源数据模型如图 4-3 所示。其中,NS 是指知识存储,RD 是指资源维度。每个维度中内容描述主要是从知识存储的相关介质以及自身属性进行考虑,并且每个维度中用户 ID 与知识存储单元表中的用户 ID 对应,应用星形模型进行多维度建模实现了多角度的知识存储。

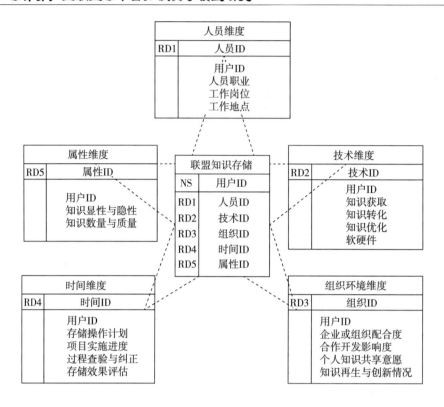

图 4 – 3　多维知识资源数据模型

4.2.3　云计算产业联盟 OLAP 非规则维建模

现实行业领域中涉及的知识资源均以复杂形式存在于介质中，由于存储的介质不同造成了知识共享过程中对知识存储的不同维度分析需求。为简化对知识资源的存储，以维结构角度分析并给出了非规则维建模的相关操作。传统的规则维是利用子级别映射到父级别的关系，而非规则维建模是利用非覆盖的形式对知识资源数据建立维模型，在此模型基础，应用联机分析处理技术对其进行优化，实现多维知识资源数据模型的模式转换，提高知识资源的存储效率。相关定义如下：

定义 1：假设知识属性集合 $D = \{d_1, d_2, \cdots, d_k\}$，令 $dom(d_i) = A_i (1 \leqslant i \leqslant k)$，设 $<$ 为知识属性集合间的二元关系，其具有特征是，令 $P \subseteq dom(d_i)$，$Q \subseteq dom(d_j)$，存在 $\{\forall d_i, d_j \in D \mid 1 \leqslant i, j \leqslant k\}$。如果存在映射 $\beta: P \to Q$，且不存在

集合 $R \subseteq dom(d_i)$ 和 $S \subseteq dom(d_j)$，其满足 $P \subset R$，$Q \subset S$，则 d_i，d_j 满足二元关系 $<$，记作 $d_i < d_j$。

定义 2：知识元素聚集关系（EAR）能够描述知识存储中的知识资源间的关系，假设 $<'$ 是属性集合 D 中的 AR，如果 $\lhd$ 满足 $\underset{1 \leqslant i \leqslant k}{\cup} dom(d_i)$ 的二元关系条件，则称其为 EAR。

定义 3：假设知识属性集合中 $dom(d_i) = A_i$ $(1 \leqslant i \leqslant k+1)$ 且 $d_{k+1} = all$，如果若属性集合 D 存在 Atomic 且 $(\underset{1 \leqslant i \leqslant k+1}{\cup} dom(d_i), \lhd)$ 是封闭的，确定 d' 为维属性，d_i 为级别属性。

定义 4：假设 $C_c = (\Omega, \Lambda, f_c)$ 是当前立方体集合，且 $\Omega = \{d'_1, d'_2, \cdots, d'_n\}$，同时存在 $\Lambda = \{m_1, m_2, \cdots, m_k\}$，$d'_t = (D_t, <'_t)(1 \leqslant t \leqslant n)$，$m_j = (M_j, agr_j)(1 \leqslant j \leqslant k)$，映射 $f_c : P_c \rightarrow dom(\Lambda)$。用 $l_i = (L_i, <'_i)$ 来表示维度 d'_i 的一个层次，则在 l_i 维层次的聚集操作是：$Agg(C_c, d'_i, l_i, d_a) = (\Omega, \Lambda, f_a)$。在 l_i 维层次进行知识资源聚集操作后，使用联机分析处理的上卷和下钻操作，实现知识资源的细化，为知识存储提供元数据，更能够提高知识存储的效率。详细操作如下：

（1）上卷操作。假设知识资源的存储当前维级别是 d_i，且其满足层次 l_i 的要求，因此给出上卷操作 $Roll-up(C_c, d'_i, l_i) = Agg(C_c, d'_i, l_i, d_r) = C_r$，该操作必须满足 $d_c <'_i d_r$ 且 $d_c <'_i d_j$，$d_j <'_i d_r$ $(j \neq r)$ 要求方可进行操作。

（2）下钻操作。假设知识存储立方体集合为 $C_c = (\Omega, \Lambda, f_c)$，当前维级别是 d_i，且其满足层次 l_i 的要求，因此给出下钻操作为 $Drill-dowm(C_c, d'_i, l_i) = C_d$，满足 $d_d <'_i d_c$ 且 $d_d <'_i d_j$，$d_j <'_i d_c$，则定义 d_d 是 C_d 的维层次 l_i 的维级别。

本书研究的知识存储非规则维建模比传统的规则维建模方式难度更大，其需要确定维度中间层级的关系以及映射关系，为解决非规则造成的多级别值域中存在最小元数据，父级别存在部分映射等情况，需要对非规则维知识资源数据进行转换操作将其转化为规则维。为优化知识资源的维结构，以下给出非规则维转换算法。

1：procedure MakeCovering（C）

2：for each P ∈ *Pred*（C）do

3：{

4：　for each H ∈ *Pred*（C）where H ∈ *Pred*（P）do

5:     |

6:     $R_{C,H} \Pi_{C,H} (R_{C,P} \otimes R_{P,H}) \to L$

7:     $P \cup \{Mark (h)\} \to P$

8:     |

9:     MakeCovering（P）

10:|

4.3　云计算产业联盟云平台行列混合知识存储模式

大数据环境下，云计算技术的不断发展，使传统的关系型数据库的知识存储方式逐渐转变为以分析型为主的知识数据仓库的更加高级的存储方式。行存储具有高效的查询效率，而列存储则具有较高的去冗余、元组重构特性。参照知识属性之间的相似性与差异性对知识存储进行优化，本书构建叠加式行列混合存储模式，在该模式基础上对知识资源进行知识信息数据压缩与存储处理。

行存储技术在实际应用中按照元组进行存储，提高了写的效率，对于知识数据的快速加载与高负载都有所提高。而列存储技术在数据库系统应用过程中，将元组拆分成不同的属性列，并依据属性列之间的映射关系对知识进行存储，提高了读的效率。通过对行存储与列存储的存储形式进行实验分析，行存储在读取元组时需要将整条记录进行读取，大大增加了读取的时间，而列存储则需要读取系统所需的属性列即可，提高了读的效率。由于列存储技术对属性列采取关联性存储方式，减少了冗余属性列的存储，节省了存储空间，因此提高了数据压缩效率。

本书根据知识的特性，提出了两类知识存储模式：一类是叠加式行列混合存储模式，该模式能够将大部分的显性与隐性知识进行提取，并经过存储前期的知识资源预处理操作，对获取的知识资源中冗余、"垃圾"信息进行剔除，实现知识资源精准化的获取与存储。另一类则是页式行列混合存储模式，该模式能够分布式处理框架，并通过知识资源的缓冲处理减少知识冗余现象的发生，从而提高云计算产业联盟对知识资源的存储效率。

4.3.1　叠加式行列混合存储模式

对于行、列存储的数据库管理信息系统而言，两种单独的存储方式各具特色。例如，行存储在知识资源数据查询速度方面较慢，列存储在知识资源数据负载等方面能力不足，为弥补这些缺陷，提取两种存储的优势，提出叠加式行列混合存储模型。

定义 1：属性块（Attribute Block）。在列式存储管理系统中，将知识资源数据按照列维度进行存储的基本单元，每个属性列对应一个属性块。

定义 2：知识资源属性缓冲区（Knowledge Data Attribute Buffer）。知识资源属性缓冲区是内存中一块连续的存储区域，每个知识资源处理过程在执行的过程中都会与一个固定的属性缓冲区相对应，知识资源属性缓冲区用于存储初步清理的数据或各个操作节点产生的中间结果数据。

定义 3：属性重用度（Attribute Reuse Degree）。属性重用度是对知识资源属性缓冲区中数据重用衡量的一种标准。利用属性重用度值对缓冲区中的数据进行重用度计算，并将结果进行综合排序，选取重用度较高的知识资源存储于属性块中。利用 Minkowski 公式对缓冲区中的知识资源进行计算，得到局部重用度（Local Reuse Degree）。依据该局部重用度值并结合压缩过程中给出的不同权重，计算出知识资源属性的全局重用度（Global Reuse Degree）。计算公式如下：

$$Global\_ R\_ Degree(X,Y) = \sum_{i=1}^{m} w_i \times Local\_ R\_ Degree(X_i,Y_i) \qquad (4-2)$$

式中，X 和 Y 表示不同的知识资源属性；w_i 表示各个属性的权重；m 表示在确定局部重用度进行属性约简后的知识资源属性缓冲区中属性的个数。其中，权重值的赋值是由专家或专业研究操作人员依据实际知识资源压缩类型给出。从公式可以看出，属性重用的计算并非全部依靠局部重用度，而更大程度上是由权重值所决定。具体见图 4-4。

4.3.2　页式行列混合存储模式

本书主要采用 RCFile（Record Columnar File）思想构建页式行列混合存储模式（P_ RC），并将此存储模式对叠加式行列混合存储模式进行了补充，即说明该知识存储模式具有知识资源缓冲与计算特性，对获取的知识处理能力更强，最终为云计算产业联盟提高知识资源利用率具有一定的应用价值。P_ RC 存储模式

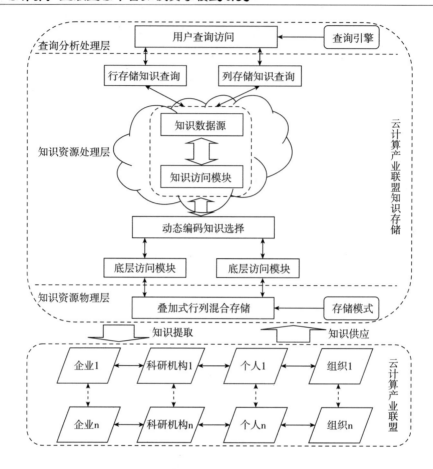

图4-4 叠加式行列混合知识存储模式

获取知识资源属性缓冲区中的知识，进行属性重用度值计算，同时将同一条记录进行水平拆分，降低元组重构的次数，然后利用列维度进行纵向划分，依据知识的不同类别对不必要列进行相应的属性约简，把压缩后的数据存储在属性块中，对属性块进行一定的编码，再把整个数据页存储于叠加式行列混合存储结构中。图4-5给出了P_ RC存储结构。

在页式行列混合知识存储模式中，知识属性块间的存储相互独立，大大降低了无关列提取的可能性，在知识属性块中以不同的知识属性用记录的形式存入存储单元中，这样可以针对不同的知识属性块采用不同的知识资源数据存储算法和提取方式。通过页式行列混合知识存储，在一定程度上简化了知识处理过程，并提高了云计算产业联盟知识存储效率。

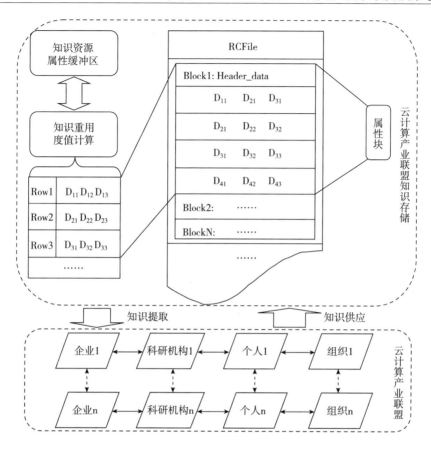

图 4-5 页式行列混合知识存储模式

4.4 云计算产业联盟云平台动态量化知识存储模式

基于知识共享的研究,构建的知识网络成为企业发展的必要手段,为了适应市场的激烈竞争,占据有利的知识资源,关键取决于企业的知识存量。云计算产业联盟作为企业、科研机构等知识密集型企业组成的联盟体,不仅可以促进技术的快速发展,还能优化现有的知识结构。在联盟知识共享的过程中面临着许多问题需要解决,如知识如何获取、如何转化、如何测度、如何存储等。为解决这些问题，在知识生命周期内，合理优化联盟知识结构，就要高效利用现有资源及技术对企业的知识存量进行动态量化，并实现知识的动态存储。Satty 以知识的物理测度为基础，实现了提高企业经济贡献的知识存量测度理论研究。魏江等（2012）从知识的可编码性出发，依据知识特性进行编码与解码，实现显性与隐性知识的编码化测度。而王君等（2002）则利用复杂网络在知识结构基础上构建知识网络与加权结构化模型。李顺才等（2001）构建了多层次灰关联的知识存量评价指标体系，从客观角度评价知识存量对企业知识创新能力、知识共享能力的影响。杨志锋等则依据知识资源的特征对知识存量进行了研究，实现知识资源的有效测度。杜静等则对知识存量的增长机理进行了研究，分析知识存量的静态与动态的积累对知识整合的作用。王建刚等从知识资源基础对知识存量与流量进行了研究，分析了知识存量在积累能力和吸收能力之间呈现中介作用。对于知识存量的量化方法选择，Shannon C. E. （2014）以数学概率方法对知识存量进行量化，从数学统计角度分析与测算知识在企业中的存量占比。李开荣等（2014）利用树形知识结构对知识共享系统中的知识存量进行量化，确定教学网站知识共享的知识树，优化了知识存量量化方法。袁景凌等针对非对称关系中对象分类不合理问题提出了动态量化的完备知识约简算法，从而解决信息化施工的知识约简问题。

联盟知识存量是指在某一个时间段内，联盟成员自愿贡献的技术、经验以及其他显性知识的总和。对联盟的知识网络进行重构，梳理知识网络的各个节点的位势，明确知识转移的方向是知识量化的重要途径。知识的量化可以实现联盟知识存量分布表示，使联盟成员能够明晰知识在联盟中的存储状态以及转化情况，确保知识共享的顺利实施。根据知识存量理论、知识网络理论，基于知识网络中的知识流动，确定知识的走向，以知识协同方式促进知识的转化。在已有的知识存量测度基础上引入自动阈值调节机制，提高知识存量测量的动态性，揭示知识的内容、构成、数量和分布。以动态的知识深度挖掘和知识广度挖掘，洞察隐性知识并进行量化处理，进而提升联盟知识的存量。

4.4.1　知识存量动态激活存储模式

在知识存量的初始化处理中，应用动态激活方式将固化于不同载体的知识实现激活，让其知识变得活跃且可供联盟成员利用。"激活"作为一种因内在或外在影响因素作用造成知识的显现与转移的一种行为，被很多企业与组织使用。联盟知识存量的激活，是指利用联盟内部管理机制，如知识协调、激励机制等对知识载体进行知识诱导，从而实现知识从高位势向低位势转移。"动态"在知识存量激活的过程中主要体现在知识的实时转化或知识的重构能力，以适应多变的知识环境。在知识存量应用过程中，主要受到知识载体和知识存量本身与知识位势的影响。在知识载体中，其知识的模式识别是知识动态被激活的首要步骤，通过模式识别过程确定知识的类型、知识的数量、知识的分布等情况，利用优化算法对预处理得到的知识进一步优化，构建人工智能体系，实现知识的整合，最终构建知识地图，让使用者能够通过知识地图获取其所需的知识。在以上过程中，随着显性知识与隐性知识间的动态转化过程，利用接受知识流量和发送知识流量实现知识的群化、外化、融合和内化操作。例如，来自企业的知识管理人员，对企业内部的个人进行专门分析，经过细致询问与专一化方式凝练经验，以可视化的方式将隐性知识转化为显性知识。知识存量的动态激活最主要的目的是实现知识存量的动态变化，从知识结构中可以了解其主要通过编码、转移、存取和解码等操作循环进行，实现知识的动态变化，如图 4-6 所示。

知识存量的动态测量主要受到动态激活模型的影响。当联盟知识网络受到来自不同的知识载体对知识的加工处理后，按照显性与隐性的知识类型，将知识进行不同的转化操作，以集中化、开放式、选择性编码方式对知识进行了编码处理，利用知识网络存在的知识位势差将知识进行动态的传递，实现知识的转化，为知识的存储与利用提供了先决的条件。知识管理员通过人工智能手段将获取的知识进行解码处理，解码方式按照不同的编码方式相应处理。

4.4.2 知识存量动态测度存储模式

通过借鉴无标度网络理论来对知识网络中知识存量进行测度，以自动阈值为调节机制改变知识存量测度的约束，从而实现知识存量的动态联盟知识的广度主要体现在知识面的多样性，其可用知识网络中的直径和半径进行计算。知识节点间的最短距离可以用来描述专家对知识的经验描述，即给出专家评议值。整个知识网络中，最长的知识路径称为最佳路径，用 D 表示。

$$D = \sum (w_{ik} - w_{kj}) \tag{4-3}$$

式中，w_{ik} 表示节点 i 到节点 k 之间所有边的权重之和，w_{kj} 表示节点 k 到节点 j 之间所有边的权重之和，通过知识广度可以判定知识网络的节点企业构成情况，也可以确定知识传递的最大范围。

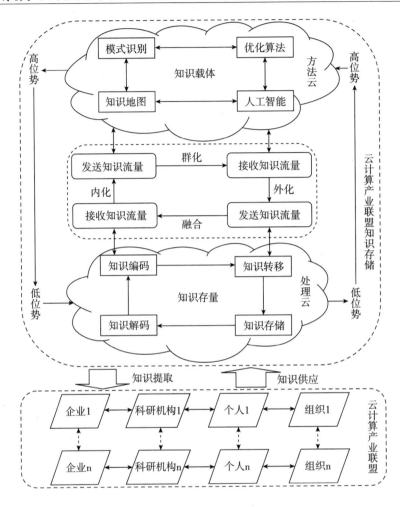

图 4 - 6　知识存量动态激活模型

　　由图 4 - 6 可知，显性与隐性的知识载体主要是个人、团队或部门、企业或组织甚至是整个联盟体。因此，知识广度测量是联盟知识存量在每个知识载体必须的操作步骤。按照知识类型，首先将显性知识以问卷、文档、录音、视频等形式进行知识载体调查与存储，以专家评议的最佳路径值确定显性知识的主要来源，且给予一定的保护措施，避免知识的失真。而在知识量化过程中最难操作的是对隐性知识的获取与存储。隐性知识通常分为两种，一种是可以进行模仿和学习的经验、规律等知识，这种知识可以使用"师傅带徒弟"的方式进行，而另一种则是纯隐性知识，这种知识是随着时间推移慢慢发展而形成的一种定律，无法进行模拟与效仿。因此，对于这种隐性知识需要长期地进行数理统计，才能逐渐给出细微的显化，周期性较长。

知识深度决定了联盟知识资源最终为成员企业创造的价值，知识网络中的节点企业越多，知识资源的利用率就越高，由此可以将知识深度的度量用知识网络密度进行代替。知识网络密度是一种对网络结构中各个节点间连接的紧密程度的表示。网络结构中知识节点间的关联越多，表明网络密度越大，则知识深度越明显。通常情况下使用网络节点间的平均路径长度进行度量，平均路径长度计算则使用知识网络节点对之间边权重的平均值进行表示，具体如式（4－4）所示：

$$L = \frac{\sum \sum w_{ij} \times \xi}{N(N-1)/2} \tag{4-4}$$

式中，ξ 表示调节变量，N 表示知识网络节点数，w_{ij} 表示连接两个节点知识的关联度。当平均路径长度 L 值较小时，表明联盟知识网络节点企业越多，网络密度越大，即知识深度越大，为联盟成员企业创造的价值就越大。

在知识存量的测度过程中，隐性知识的模糊性造成的信息不完备，在原有的知识存量测度方法基础上增添了自动阈值进行调节。设定参数 μ 为该阈值，并给出阈值调节范围，$\mu = \frac{D+L}{n^2} \sum \sum \delta_{ij}, i,j \in [1,N]$，其中 δ_{ij} 表示隐性知识所占比例，而 n 则表示 δ_{ij} 不为 0 的个数。动态参数 α 主要用于确定知识网络中显性知识的动态调节，依据网络结构的范围进行设定，因此其可根据节点间的关联度进行确定。

$$\alpha_1 = \max(\min(r(Q_iQ_j),\ r(Q_kQ_j)),\ \lambda) \tag{4-5}$$

$$\alpha_2 = \min(\max(r(Q_iQ_j),\ r(Q_kQ_j)),\ \lambda) \tag{4-6}$$

其中，i，j，k $\in [1, N]$ 且 i≠j≠k，λ 表示初始关联值。因此，给出自动阈值 α 的计算公式如式（4－7）所示：

$$\alpha = \min(\alpha_1,\ \alpha_2) \tag{4-7}$$

由以上给出的隐性知识阈值参数 μ 和显性知识阈值参数 α，给出联盟知识网络中知识存量的动态测度公式如式（4－8）所示：

$$S = S_0 + m(k) + y(k) + \alpha + p(k) + \mu \tag{4-8}$$

式中，S_0 表示联盟知识存量的初始值；k 表示知识资源，包括显性和隐性知识；m（k）表示部门、组织等显性知识载体的知识存量，如式（4－9）所示。

$$m(k) = \sum \sum S(m_i, k_j) \tag{4-9}$$

y（k）表示知识外溢情况下的显性知识存量，如式（4-10）所示。

$$y(k) = \sum \sum S(y_i, k_j) \tag{4-10}$$

y（k）表示个人、团队等人员载体占主导作用的隐性知识存量。具体如式（4-11）所示。

$$p(k) = \sum \sum S(p_i, k_j) \tag{4-11}$$

其中，$S(p_i, k_j)$ 表示第 i 个部门或组织对联盟知识 k_j 的掌握程度，$S(y_i, k_j)$ 表示第 i 企业的知识外溢程度，$S(p_i, k_j)$ 表示第 i 个人或团队对隐性知识 k_i 的掌握程度。由式（4-8）可以看出，当所有知识存量与联盟知识存量成正比，即自动阈值几乎不变时，任何一种类型的知识存量的增加，均能够增加联盟知识存量水平。

由于隐性知识具有不易使用语言表达、不易衡量其价值和不易被大众所理解的特性，造成了对隐性知识的提取具有很高的难度。因此，为了规避这些特性，在隐性知识提取过程中采用无标度知识网络方式进行联盟成员企业间和企业内部的隐性知识提取。在该网络结构中，共有知识节点总数为 N，每个节点表示知识个体，连接每个节点之间的边称之为边权重。假设在整个联盟知识网络中，知识资源传递是守恒的，且不受外力影响，则有知识资源传播向量，k_i 表示 $k(k_1, k_2, \cdots, k_N)$ 知识节点为 i 时的联盟传播能力。联盟的知识向量则为 β（m），当知识节点为 i 时第 m 次的联盟知识水平为 $\beta_i(m)$。由于知识异质性影响，以知识传播能动性为依据，在联盟知识存量测度动态量化基础上，给定联盟隐性知识提取策略。以 s 表示知识节点之间的边，v_{ij} 表示知识传播速度。

（1）主动型知识提取策略。以提高联盟知识存量水平为标准，向联盟体内以人、团队或组织为载体进行知识动态量化，促使载体主动进行知识交换的行为。

$$\Delta\beta(m) = k_{is} \cdot \max(v_{ij}, v_{is}) \cdot (\beta_j - \beta_i) \tag{4-12}$$

在知识传播速度相同时，联盟知识存量增长量主要由部门或组织间的知识水平的高低决定。

（2）保守型知识提取策略。保守型策略在联盟约定范围内，提供可公开的知识，保留自身关键知识。

$$\Delta\beta(m) = k_{is} \cdot \max(v_{ij}, v_{is}) \cdot (\beta_j - \beta_i) \tag{4-13}$$

在联盟成员企业间拥有不同的知识传播速度时，联盟增长量的决定性因素即

为传播速度 v_{ij}，最大的传播速度对联盟的知识存量的增长量影响程度最大。

（3）沉默型知识提取策略。在联盟发展过程中，以沉默方法不对知识载体造成影响，使其在自然状态下进行知识的交互与传递。

$$\Delta\beta(m) = k_{is} \cdot \max(\nu_{ij} \cdot (\beta_j - \beta_i), \ \nu_{ij} \cdot (\beta_j - \beta_s)) \tag{4-14}$$

在联盟中不同成员本身的知识水平以及传播速度的不同造成了联盟整体的知识存量的增长量差别不同，此时需要从成员自身和知识传播速度选取最大值来判断联盟的知识存量变化量。

每种隐性知识提取策略均从知识载体的主观能动性进行考虑，由此判断出哪类人群能够提高联盟整体的知识存量水平。

动态存储作为知识量化后的重要操作步骤，不仅可以实现知识按类别存储，还能够提高知识提取的效率。将知识共享系统中的存储模块利用边界标识、存储紧缩两种方法进行动态化处理，合理利用空闲存储空间，对量化后的知识进行编码化存储。对知识属性的动态约简是基于模糊属性约简算法给出的，并且该算法利用变精度粗糙集理论作为基础，实现知识属性的动态约简。为解决云计算产业联盟云平台知识资源的存储问题，本书利用 K-means 方法对云计算产业联盟知识网络中的节点任务进行了详细分析，以定义网络节点由 d 维向量 $V = (v_1, v_2, v_3, \cdots, v_d)$ 构成，且组成的网格空间称为 R^n，表明云计算产业联盟知识网络中的维向量与知识供给任务之间的影响因素一一对应，且每个维向量拥有对应的云计算产业联盟的全部知识资源，以知识资源属性值进行代替。给出云计算产业联盟在知识资源存储过程中的聚类目标函数，如式（4-15）所示。

$$\min \sum_{i=1}^{k} \sum_{j=1}^{m_i} |V_i^j - CS_i^j|$$

$$s.t. \sum_{i=1}^{k} m_i = n \tag{4-15}$$

式中，V_i^j 表示云计算产业联盟将知识资源分配到以网络节点（CS_i）进行执行的聚类操作的第 j 个网格任务，n 表示云计算产业联盟知识网络中的网格任务数量，CS_i^j 表示由时间影响的任务执行序列向量，其执行的完成度决定了云计算产业联盟知识存储的效率。随着知识存储任务的分配，CS_i^j 知识资源属性逐渐呈现与云计算产业联盟知识获取的同步变化，且该变化受到网络环境和知识获取效率的影响呈现动态变化。

对于云计算产业联盟知识存储的网格任务，依照知识资源匹配度的不同优先考虑局部核心知识资源的匹配，且该匹配过程需满足知识供给与知识需求的匹配度较高，不存在知识缺口，知识获取与知识存储速度快、效率高。假设匹配函数 D_ρ 包含了网格局部任务执行度 L_T、任务执行队列长度 D_Q 和知识资源传输成本 D_N，其间存在的函数关系如式（4 – 16）所示。

$$D_\rho[V, CS'] = g[\overline{L}_T, D_Q, D_N] \tag{4 – 16}$$

根据式（4 – 16）可以得到云计算产业联盟执行知识存储任务最小失误率的匹配情况，如式（4 – 17）和式（4 – 18）所示。

$$\rho: V \rightarrow CS, \text{ 并且 } \rho(V) = \arg_{CS_i} \min D_\rho(V, CS') \tag{4 – 17}$$

$$CS_i = (CE_i, SE_i) \tag{4 – 18}$$

在云计算产业联盟进行知识资源的聚类存储时，没有对知识资源以及知识需求进行先验操作，因此不可避免一些错误信息引起联盟的知识存储操作发生偏差，其聚类存储结果指的是 k 个中心知识资源执行节点，且该节点结合以 CS = $\{CS_1, CS_2, CS_3, \cdots, CS_k\}$ 表示，从而形成云计算产业联盟中心知识资源存储元。

云计算产业联盟在进行知识存储的过程中随着知识资源匹配任务在知识网络中的执行，知识资源文件也在网格节点中被动态替换，从而形成了不同的知识存储层级。一级知识存储层，其存储元具有的特征描述如式（4 – 19）所示。

$$H_L = \{SE_i \mid [CE_i, SE_i] = CS_i \wedge \rho(V_i^j)\} \tag{4 – 19}$$

其中，SE_i 与联盟执行的知识存储任务的节点单元 CE_i 共同在 CS_i 节点上进行实际操作，且联盟成员企业进行访问的有相应的映射文件 $M(f \mid V) = \rho \cdot SE \cdot r$，即表明云计算产业联盟在执行网格任务过程中，如果一级知识存储层不能获取相应的知识资源文件，且存储在对应的节点中，需经过二级存储层才能实现知识资源的进一步获取与存储。二级知识存储层，其存储元具有的特征描述如式（4 – 20）所示。

$$H_R = \{SE'_i \mid [CE_i, SE_i] = CS \wedge SE'_i \neq SE_i \wedge \underset{SE_i}{\arg\min} N_D\} \tag{4 – 20}$$

其中，二级知识存储层主要存储的是联盟本地没有的副本知识资源文件，需执行二级知识存储层才能将知识进一步的计算与访问，且需满足条件，$M(f \mid V) = [\underset{SE'}{\arg\min} D_N] \cdot r$。

边界标识作为动态分区分配的一种动态存储管理方法，将所有空闲区进行连接，构成双重循环链表结构的可利用空间区，分配按照知识量化后的首次拟合进行，也可以按照最佳拟合进行，完全取决于知识的特性。其动态性主要体现在每个存储区的头部与底部设有标识，以标识该区是否已经被占用以及知识存储类型，使用户存储与利用知识能够清楚判别物理位置。

由于知识共享系统中的存储空间受限，且存储始终是以连续地址存储，在知识的存入与提取的过程中，始终伴随着存储空间的占用与释放，因此，必须将释放后的空闲区合并到整个知识存储堆上，进行知识存储紧缩，优化存储空间，提高空间的利用率。图 4 - 7 则表示了知识存储空间紧缩的过程。

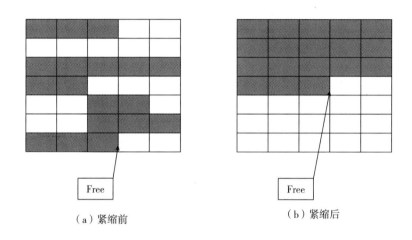

（a）紧缩前　　　　　　　　　（b）紧缩后

图 4 - 7　知识存储紧缩

4.5　本章小结

本章通过对云计算产业联盟知识存储的必要性及障碍进行分析，确定云计算产业联盟在进行知识存储过程中需要解决的问题，并给出云计算产业联盟知识资源表达方式，利用多维知识资源数据建模和 OLAP 非规则维建模方式进行知识资源处理，提出适用于不同知识类型的行列混合知识存储模式和动态量化知识存储模式，从而提高知识资源的存储效率。

第5章 云计算产业联盟云平台知识服务模式及服务水平评价

5.1 云计算产业联盟知识服务驱动力及作用

5.1.1 云计算产业联盟知识服务驱动力

云计算产业联盟知识服务过程中受到三大驱动力要素影响，从而促使知识资源能够顺利转化。该驱动力组成主要包括知识差引发、联盟成员利益驱使以及知识服务环境的影响。这三个动力要素分别存在于云计算产业联盟知识服务对象、知识服务主体以及知识服务环境中，它们之间彼此联系、相互作用，形成了一个统一的动力驱动机制，由此推动知识资源在云计算产业联盟知识服务过程中由隐性到显性或由显性到隐性的转化，并从不同的知识载体进行知识传递。具体而言，有如下三点：

5.1.1.1 知识差的引发

在云计算产业联盟中，由于联盟成员由不同层次的组织或企业组成，因此知识存量水平也不同。对知识的吸收能力不同是造成联盟成员之间形成知识差的唯一因素。受到拥有知识不均衡作用力的影响，造成知识类似于电流、气流似的在联盟成员之间进行流动，即知识流（见图 5-1）。这种联盟成员间的知识流成为知识流动，主要从知识位势较高（知识存量较大）的联盟成员流向知识位势较低（知识存量较小）的成员，这种过程表现知识存量趋于均衡化的现象。但受到环境以及联盟成员对知识的吸收能力的影响，导致这种均衡化现象很难控制。在整个联盟知识服务过程中，联盟成员受到知识需求影响，造成整个知识服务过程中每个成员扮演着不同的角色或多种角色。如同时拥有知识需求者、知识传递者、知识供应者；只拥有知识需求者；只拥有知识供应者；只拥有知识传递者等。从而满足联盟成员对知识资源需求，实现联盟成员间的知识互补。因此，造成了联盟成员间知识流动具有双向性或单向性。总之，联盟成员中的各个组织所拥有的知识状况主要表现为，联盟成员间的知识差，该种知识差能够引发联盟成员间进行单向或双向的知识流动。

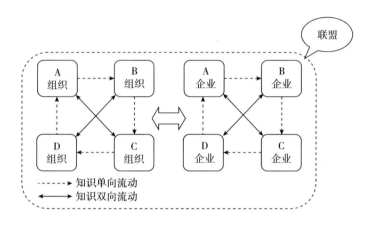

图 5 - 1　知识流动图

5.1.1.2　利益的驱使

云计算产业联盟成员企业或组织均以人作为知识获取主要来源，而成员的主观意识的影响造成了知识服务受到利益分化的影响，不仅只有成员关注个人利益，对于组织、企业甚至整个联盟体都关注整体利益，只有利益最大化才能促使更大的发展。由此可以看出，云计算产业联盟的知识服务活动是受到利益驱使因素影响的。由于云计算产业联盟企业或组织所拥有的知识资源是有限的，单一的对知识的吸收与共享具有很大的困难，为稳妥抓住善变的利益市场机遇，必须通过知识服务行为才能实现主体单元自身的经济效益，从而把更多的隐性知识和显性知识整合到联盟内，实现知识存量最大化，提高联盟整体或联盟成员内部整体的知识存量水平，最终适应快速变化的市场环境，占据更多的行业领域。

5.1.1.3　环境的激励

在云计算产业联盟施行知识服务活动整个过程中，服务环境时时刻刻地影响着联盟知识服务运行效果。即联盟成员企业或组织间的知识服务活动必须在一定的环境中才能进行操作。知识服务环境中包含着一些因素，它们能够激发知识服务主体即各联盟成员组织参与知识服务的积极性，如合作的氛围、平等的关系、彼此的信任以及适宜的政策等。从该种角度可以看出，以上提出的因素是云计算产业联盟成员企业或组织间进行知识服务主要的环境驱动因素，联盟成员企业或组织只有将以上因素处理得当才能保证知识服务活动顺利实施。因此，为提高这种保障率必须给予相关因素一定的激励措施，从而保障知识服务活动的运行高效性。

根据以上对云计算产业联盟知识服务过程的驱动力因素的详细描述可以看出，三种驱动要素是相辅相成的，知识差的引发依赖利益的趋势，利益驱使依赖于环境的激励。相反，则说明了环境的激励促进了联盟体的利益驱使。而利益的驱使促成了联盟成员间的知识差，从而说明了上述三种驱动要素间具有着层层递进的驱动关系。由此可以看出，云计算产业联盟成员企业或组织间的知识服务活动形成了一种动力驱动结构，三种驱动力之间是不可分割的，因此形成了一种造成云计算产业联盟知识服务的动力机制，推动云计算产业联盟能够加快知识服务运行的步伐，提高知识服务效率。对于这个动力机制可以简要概括为：云计算产业联盟成员企业或组织在特定的服务环境激励情况下运行，在整个知识服务过程中受到联盟成员企业、组织的整体利益以及个人利益的影响驱使整个联盟的知识服务活动运行。由此可以看出，云计算产业联盟知识服务实际运行过程中是受到不同的主体影响与参与，从而促使不同的主体本身拥有的知识资源进行了不同的量化。在这种情况下，知识服务对象、知识接收对象、知识传递对象等潜在的知识差发生了变化，促使知识资源从不同的载体实现了传递与转化，联盟成员或组织间的知识流动开始运转。为详细说明上述云计算产业联盟成员企业或组织间的知识服务活动的动力机制以及知识流动的过程，以示意图的形式进行表示，从而更细化地说明知识服务驱动要素之间的关联性，如图 5-2 所示。

5.1.2　云计算产业联盟知识服务作用

在大数据技术迅猛发展时代，企业或组织面临的行业领域竞争更为复杂，导致以联盟形式进行管理的效果更为多变。因此，云计算产业联盟为适应这种复杂、多变的市场环境，必须通过知识服务与知识转化来提升整体的知识水平才能保证成员企业或组织立足于当前市场。联盟成员企业或组织本身知识资源有限，对于知识获取和知识吸收的能力也是有限的，从而导致提升企业市场占有率的核心知识资源限定。因此，越来越多联盟体通过知识服务方式从外部知识网络中获取和创造出新的核心知识。云计算产业联盟进行知识服务的重要作用具体体现在以下三个方面。

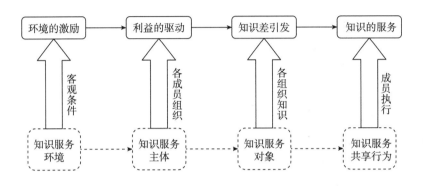

图 5 - 2   知识服务机制

5.1.2.1 服务能降低联盟成员知识创新成本

在当今的知识经济时代，衡量联盟或联盟成员企业、组织的核心竞争力的唯一标准是知识服务能力。一方面随着联盟成员对知识的服务与吸收，不断地改善自身的知识储备；另一方面也说明了联盟成员自身对知识资源的整合能力也有所改善。因此，知识的创新能力也得到了提高。知识创新是知识服务后，联盟成员对知识资源的吸收能力与再创造能力的一种体现，该种能力是一种高投入、高风险、高回报的成员企业提升自身知识存量的手段。为了降低知识创新成本，联盟成员选择提高知识服务水平来达到辅助效应，并在联盟成员企业推进内部知识服务，实现投入较少，收获更多的效果。

5.1.2.2 服务能增强企业竞争力

云计算产业联盟成员企业或组织在日常工作中隐含、积累了大量的知识，这些知识少量以显性的文档、专利、文本等形式体现，供个人或团队进行参考。而决定企业发展方向的大部分知识资源以隐性知识形式体现，该种知识类型主要存在于个人或团队的知识载体中，为增强企业的市场竞争力必须高效地利用隐性知识，从而提高企业的知识创新水平。但这些隐性知识较难掌握，必须通过知识激励方式促使成员个人主动进行知识服务，并通过团队合作或提升个人的知识吸收能力来最大化地整合隐性知识。知识资源是推进企业或组织发展的助推器，隐性知识则是企业或组织在行业领域中生存的方向盘，为提高企业的产品更新能力和服务创新能力，在管理过程中必须注重隐性知识的获取与利用，才是企业赢得最大竞争优势的关键。由此说明知识服务能够增强企业甚至联盟的竞争能力。

5.1.2.3　服务有助于联盟可持续发展

依据联盟知识服务主要形式，主要从内部服务与外部服务两个角度来分析知识服务为联盟甚至联盟成员企业带来的效益。从知识外部服务可以看出，主要的效益体现于成员企业在行业领域中的市场占有率，项目合作情况等，而知识内部服务则体现于利润率、无形资产等。由此可以说明，知识服务不仅可以决定联盟以及联盟成员的可持续发展水平，而且还能够通过发现现有的知识服务问题来优化知识服务决策，从而以贴合联盟成员实际情况的方式来激励成员或个人的知识创新，为提高客户知识服务水平打下了基础，最终增强了联盟成员企业高效应对外部竞争与多变的环境适应能力，对于联盟的发展有着更为广泛和深远的影响。

5.2　云计算产业联盟知识服务障碍

对于云计算产业联盟知识服务障碍，主要体现在联盟对知识的异质性、知识管理制度差异性和知识服务信息不对称性三个方面。这三方面也是阻碍联盟知识服务的主要原因。因此，为提高联盟知识服务效率，改善联盟成员对知识资源的获取与吸收的能力，对上述三方面进行详细分析。

5.2.1　云计算产业联盟知识异质性

在知识服务过程中，云计算产业联盟受到知识异质性的影响，造成了知识服务的不稳定，使得联盟知识共享运转产生未知效果，因此为确定知识服务障碍，需要明确云计算产业联盟的知识异质性，如图5-3所示。

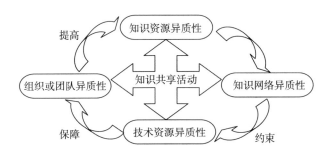

图 5 – 3　云计算产业联盟知识异质性关系描述

5.2.1.1　知识资源异质性

云计算产业联盟所拥有的知识资源存在于联盟成员企业、组织、个人，其在任何载体中都体现为两类形式，即核心与辅助知识。核心知识描述了企业对项目运行、企业管理与产品生产的核心技术，是企业在行业竞争中的唯一竞争力。如果该核心技术被窃取或突破后，其市场占有率将急剧下降，那么表明该企业的知识资源被弱化。而辅助知识则是企业可对外公开的技术、文档等，这些知识与核心技术相关联，但只能对核心技术所涉及的部分缓解起到一定的作用，并不能左右核心技术发展。联盟知识资源异质性是指企业、组织或个人的核心知识的异质性，该知识是受到严加保护的，对于必要的核心知识，知识载体为了保护核心知识的使用权限向国家专利局进行专利申请，如果他人想使用则需与知识载体进行协商，若自行使用，知识载体根据国家法律法规有权追究使用者的法律责任。正因为核心知识的异质性才造成了企业、组织或个人的工作性质发生了转变，且公司资源分配也相应地有所不同。

对于联盟成员企业间的知识活动而言，存在的知识异质性主要体现于企业的创新资源的异质性。由于存在企业知识共享结构、企业所在的地理位置以及企业对核心知识资源的认知水平的差异性问题，联盟是解决该问题最合适的方式。通过合作共赢来提高合作企业的知识资源利用率，同时也增强了企业间合作的依赖程度，让企业所面临的竞争风险降到最低。为有效解决联盟企业间的商业环境造成的知识资源的异质性发展，联盟提供了一种及时识别与维护核心知识资源的管理方式，保证企业合理利用外部的异质性资源进行企业内容的知识共享，从而提高企业知识水平。

5.2.1.2　知识网络异质性

云计算产业联盟的知识服务过程，造成联盟连接的方式是构建适用联盟知识服务模式的知识网络结构，包括企业知识共享结构、组织知识掌控结构等。但由于联盟知识网络受到网络与现实环境的影响，造成了知识网络异质性现象发生。为解决该现象，本章主要从知识网络的结构、知识资源地理位置、企业或组织的知识共享，改善知识差异程度。由于云计算产业联盟成员来自于不同的企业、组织或个人。因此，知识资源的拥有度与成员间的知识差异度比较大，为改善知识网络差异性必须减少成员合作过程中的知识理解偏差，从而降低知识服务的失误率。

5.2.1.3 技术资源异质性

联盟知识服务最为关键的因素是技术资源，如果技术资源存在异质性，那么将直接导致联盟知识服务效率骤减。联盟技术资源异质性主要体现在技术资源种类和数量的差异性，最为常见的技术资源有知识产权和专业技术等。技术资源在联盟知识服务过程中具有知识创新的作用，能够影响联盟成员对新的技术创新能力的改进程度。对于联盟的成员主要分为企业间和企业内，组织间和组织内的技术资源异质性，企业内的技术资源异质性能够提高行业领域内的新技术发展与探索，而企业间的技术资源异质性能够拓宽合作伙伴的技术创新的视野，提高知识创新能力，组织间的技术资源异质性则优化了组织的合作方式，改善了技术应用模式，组织内异质性对技术的改进与融合提供了信息优势互补方式。为了有效提高联盟知识服务水平，选择具有技术异质性的合作伙伴是联盟优化知识资源的一种手段，使企业、组织之间产生了新的合作契机，同时技术资源异质性也为成员间的合作与发展提供了一种保障。

5.2.1.4 组织或团队异质性

企业发展的核心力量不是现有的生产与项目，而是人力资源。因此，人力资源的异质性能够在最大程度上影响联盟知识服务的成功与否。在组织和团队知识资源中，知识主要以隐性知识存储于团队之间和个人头脑中，人力资源异质性则体现于成员的组织结构、组织规模和知识服务运行情况、知识服务协作能力方面的差异性，具体到个人知识异质性体现于年龄、受教育水平、职位与工作地点、知识存储情况、工作积极性等方面的差异性。合理利用人力资源的异质性能够改善企业、组织或团队的知识整合与协作，从而提高联盟的知识共享的稳定性、知识服务的高效性和知识创新的独特性。

5.2.2 云计算产业联盟知识管理制度差异性

云计算产业联盟知识管理制度的差异性造成了联盟知识服务水平的不同，而联盟的知识服务能力在一定程度上说明了联盟成员间的合作创新能力。在大数据背景下，联盟知识网络中的每个节点企业、节点组织或团队以提高知识水平为目的，通过改善合作方式来增强自身的知识服务能力。因此，基于知识资源的获取与利用的程度对联盟的知识服务能力进行界定，它主要以联盟的合作伙伴的选择、知识资源服务效果、协作开发的能力以及联盟整体与个体对知识资源的整合能力的实现，改变联盟成员的知识资源使用和应用价值。对于组织来说，知识管理制度的差异性决定了组织对知识资源的学习能力的强弱，如果将联盟中先进的知识资源引进组织内部，并结合已有的知识载体对知识资源的吸收方式就能快速提高组织对知识资源的利用率，从而不断深化企业对知识的创新，最终提高组织对联盟的知识服务水平。

知识管理制度的差异受到许多客观存在且不可避免的因素影响，造成了联盟成员对知识的认识片面、冲突预测与诊断不完善、对冲突问题整合能力弱等。为解决以上问题，本章提出了对待不同性质的差异性影响的管理方法。具体如下：

5.2.2.1　知识识别制度差异性

联盟成员在知识获取的过程中难免会产生对知识识别的差异性，在知识共享过程中将联盟成员间形成的知识服务与获取的冲突视为破坏性影响因素，这类因素完全受到由于知识识别制度的差异性而导致的知识资源分配与利益分配不均衡的影响，最终造成联盟成员间的合作失败，甚至造成知识窃取或知识偷用等行为发生，发生法律上的纠纷问题。因此，在进行知识管理的过程中，对这类问题，联盟体必须在成员合作前进行成员合作的知识分配明确，并在合作过程中以联盟中间人的身份参与到项目运作中，并实时跟进，做到合作利益最大化的效果，从而降低利益冲突的发生率。

5.2.2.2　知识保障制度差异性

联盟知识保障制度的差异性，对知识资源程度不同的成员其管理方式略微不同，因此知识保障制度的差异能够在一定程度上进行分级管理，从而优化知识服务的效果。冲突预测与诊断系统不完善及冲突问题处理方法单一等问题是知识保障制度在制定与实施过程中的弊端，这些都是在问题发生后，以实际问题做出应急反应，从而不断优化知识共享系统。为了防止云计算产业联盟知识共享过程中该类问题的发生，必须对通过试点方式来测试冲突预测与诊断系统的应用可行性与稳定性。同时测验知识共享团队对知识资源利用冲突问题的控制与解决能力。此外，对于知识保障制度中冲突的解决还需要应用舆情反馈环节，此环节能够及时反映联盟成员对冲突隐瞒汇报情况，为有效及时控制冲突问题提供信息支持。

5.2.2.3 知识整合制度差异性

云计算产业联盟旨在实现互惠共赢和利益最大化，因此知识整合制度的差异性可直接导致联盟成员在知识共享过程中利益冲突与矛盾的产生，这也是联盟成员直接关注的问题，如何对联盟过程中产生的问题进行知识整合并及时处理是联盟知识服务过程中所面临的重要任务。笔者认为，对利益冲突问题的有效解决，需在联盟知识管理制度的前期规定基础上对其进行判定。为有效地解决问题，调节矛盾企业或组织，并总结问题发生的原因，提出问题整合机制。

5.2.2.4 知识需求制度差异性

在云计算产业联盟知识共享过程中，激励方式是个人或成员企业进行知识服务的一种促进方式，由于不同的联盟成员企业间需求制度的差异性造成了知识服务意愿不同，对知识资源的保护欲更强，从而使得知识服务渠道闭塞。改善现有的知识服务渠道缺乏，缩小联盟成员间知识需求的差异性，解决知识服务水平低下等问题，本章主要从不同的知识载体进行考虑，对于个人主要以工资奖金、职位晋升等激励方式来促进个人提供有用的隐性知识，对于组织或团队则需要企业以知识共享目标为准绳来约束刺激其提供更多的知识资源，以及对知识资源的吸收。从联盟整体来讲，促进联盟成员企业的知识服务激励机制则是如何高效改善合作双方的现有管理水平，提高合作效率，达到合作共赢利益最大化的效果，即以有针对性的知识服务方式作为手段改善合作过程中的成员企业对知识的需求情况，最终实现联盟整体、联盟成员企业内部对知识服务激励机制以及知识需求制度差异性的一种完善。

5.2.3 云计算产业联盟知识服务信息不对称性

云计算产业联盟知识服务过程中受到不同的信息不对称因素影响，造成了联盟成员知识获取资源壁垒加强，从而使得联盟成员的知识存量水平较低，最终导致知识服务水平低下，联盟成员对知识吸收能力弱于行业领域其他竞争者。因此，为有效提高联盟成员知识存量水平和知识吸收能力必须改善现有的知识服务信息不对称问题，如图5-4所示。

5.2.3.1 自有知识保护

根据云计算产业联盟知识服务规范（规定或条例）可知，联盟成员间在达成合作关系后，有关项目的相关知识资源应满足无条件服务，并只允许合作双方对知识资源利用，其他联盟成员不应干涉与干扰，否则，联盟有权介入对影响方实施制裁手段，必要时可以参考国家有关法律进行问题解决。联盟成员知识服务同时也在对联盟中的知识资源进行获取，为了获取自身所需的知识资源，成员企业或组织必须以同等的方式提供有价值的知识资源，从而保证知识资源交互的平等。但对于核心知识保护是每个联盟成员所关注的，其能够决定企业在行业领域中的地位，因此造成了联盟成员对知识的潜意识的保护行为发生。当联盟成员将核心知识的保护逐渐扩散到辅助知识保护时，则表明联盟成员间的知识服务与转化的效果变得越来越差，为联盟成员间的知识服务造成了不可避免的障碍。

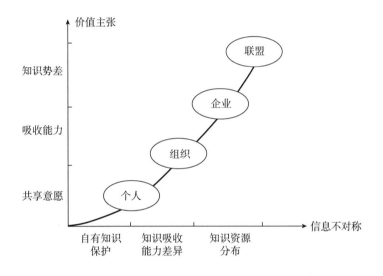

图 5 - 4　知识服务信息不对称

自由知识资源的保护造成的联盟知识服务信息不对称从其产生的原因角度进行分析，主观保护则说明了联盟成员在合作过程中有意隐瞒合作相关的知识，造成合作效果不佳的影响，而客观保护则说明联盟成员在签订合作项目之前，就已经形成了知识资源在合作双方之间的信息不对称现象。

5. 2. 3. 2　知识吸收能力差异大

对于云计算产业联盟而言，联盟成员多以企业或组织等为主。因此，这些成员对于知识资源的吸收与运用能力也有所不同，即合作伙伴之间的知识吸收能力差异性决定的联盟成员间的知识服务信息不对称，而对于知识吸收能力的差异，常见的解决类型主要依赖于相关理论与知识共享相结合进行解决。

5.2.3.3 知识分布不对称

知识服务信息不对称主要是指知识资源的分布不对称，知识作为企业发展核心竞争资源，在知识载体间的分布不均衡造成了知识势差。因此，联盟成员所具有的知识存量也有所不同。根据不同成员的知识结构，依据知识势差将知识资源在联盟知识网络中进行知识流动，从而减少知识分布的不对称性问题的发生。但这种知识流动必须以一定的知识服务激励才能进行。因此，必须完善现阶段的联盟知识服务激励机制，促进联盟知识网络中的知识流动。从知识服务的本质来说，利益最大化是联盟成员所追求的目标，对于利益和联盟中的地位受损则必然需要用鼓励方式来保留成员，激励机制可以是物质，也可以是经济上的补偿。因此，为了提高联盟组织或个人的知识服务积极性，也应适当给予一定的鼓励。

5.3 云计算产业联盟云平台知识服务模式

知识云作为联盟企业实现项目计划、实施与经营的重要存储，为联盟的业务操作提供虚拟化知识描述和服务化项目技术封装的知识资源，对于适用于联盟成员的知识资源主要包括专利、人力资源、文档资源和项目实施模型等。因此，为有效管理知识云需要联盟合理配置知识共享及其能力提升，在企业知识共享生命周期中优化现有的知识云。为使用海量知识资源的分布、异构、多样、动态以及不确定等特性，本书构建了动态知识服务模式，如图5-5所示。

动态知识服务模式主要从用户任务链、知识云处理能力、知识资源提供商三个角度给出，其能够以动态服务方式来改进联盟内部知识资源的转化与服务，提升企业或组织的智能化服务的能力。在联盟内项目数据、实施状态、实施效果等进行协同优化，增强知识资源在各个联盟节点间的传递。

从各行各业、分散且复杂的数据中挖掘出有利于云计算产业联盟发展的信息，需要较大的挖掘运算、存储运算、优化运算能力以及专业的人工算法，对于以上操作，普通中小型企业无法独立完成，且所需的处理资源以及人员缺乏导致一些关键性数据无法进行提取，但通过云计算产业联盟进行数据处理后的知识资源，能够极大程度地满足联盟成员企业的需求。随着云计算在国内的产生与发展，不断被各行各业所使用和深度研发，对其提供的三种基础服务也是备受关注，即基础架构即服务（IAAS）、平台即服务（PAAS）和软件即服务（SAAS）。最新提出的一种服务方式则是知识即服务（KAAS），该中新型服务方式是基于以上三种基础服务方式进行提出的，通过 IAAS、PAAS、SAAS 对原始数据进行处理后，通过用户需求以及项目合作规范进行知识资源的提取，实现部分隐性知识的显化，并将显性知识进行联盟存储，丰富现有的联盟知识存量。

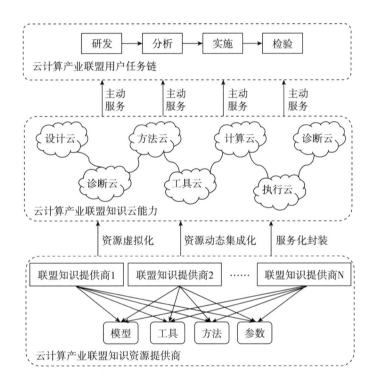

图 5-5　动态知识服务模式

云计算环境下受到大数据技术的影响，使得云计算产业联盟企业、组织甚至个人对于知识的获取与服务的程度都有所转变。本书将知识云内的显性与隐性知识进行碎片化方式存储在虚拟资源池中，结合用户的需求不间断地提供知识资源学习服务。知识云中将隐性知识以双向联结的方式与显性知识融合，实现个人知识、团队知识与组织知识的高效汇聚与服务。

云计算产业联盟利用云平台提供给开发者相关创建应用，使用户不必自行寻求开发资源，以该云平台为基础进行项目创建与运行。云平台为用户提供了基础服务、基础设施服务以及应用服务，对于特定的云平台知识服务模式可以从云计算产业联盟知识服务体系形成与发展的整个生命周期进行分析，判定其具有一定的指导性、依存性以及侧重性。对于侧重性说明联盟知识服务具有不同的服务标准和获取标准，主要从主体、对象和环境三种角度进行评定，不同的组合有不同的侧重，因此造成了知识资源竞争，同时也是一种合作关系；对于依存性，一方面说明了联盟成员与成员间的存在性质，另一方面说明了联盟与成员间的关系。通过知识服务的各个阶段的问题展现和解决，表现了知识服务相应特征和构成要素之间的关系；对于指导性，表明联盟成员面对不同的知识存量水平的其他成员采用的一种合作方式，从知识服务的不同生命周期来指导联盟成员的相关影响因素的组合，从而实现适用于指导性的知识服务模式。

5.3.1 联盟成员内部知识服务模式

软件即服务（SAAS），云计算产业联盟云平台为联盟成员搭建知识资源信息化建设所需要的网络基础设施软硬件的运行平台，同时负责前期的实施、中后期的日常管理维护等一系列相关服务，该种服务方式主要的盈利模式是应用软件许可证费用，软件维护费用以及技术支持费用等，对于广大中小型企业而言，SAAS 服务方式是进行企业知识共享模式改革的最佳方式，其在一定程度上减少或取消了对传统软件的相关授权费用，为客户节省了服务器硬件、网络安全设备和软件升级管理维护的支出等，让更多的联盟成员企业更能接受此类服务方式。SAAS 为云计算产业联盟成员企业内部提供了专一化服务，个人或团体可以通过特有的知识服务软件进行最新的知识资源的学习、优化等，利用知识资源创造出新的企业竞争源。该种知识服务方式，一方面可以简化现有的企业员工培训、管理机制，另一方面通过软件可以直接、快速、全面地进行企业管理，实现企业、团队、个人等知识多样性管理，弥补知识反馈信息丢失、知识资源缺乏等弊端。

云计算产业联盟成员内部知识服务模式主要面向于联盟成员企业、组织内部，通过企业对内部员工或团队知识服务的要求进行提供知识资源的一种模式，如图 5-6 所示，主要描述了企业或组织对新员工的引导、老员工的一种带领的方式。可以是一对一、也可以是一对多，该种层级模式的管理能够实现经验的传递，从而将隐性知识以非形式化方式进行服务与转化，新员工在老员工的带领下对新知识的获取与吸收，并在此基础上不断地创新与应用，逐渐形成新的知识体系。从新成员角度对该种模式分析，成员可以是单个人也可以是一个团队，因此对知识的需求与吸收能力也有所不同，造成知识的服务程度也有所区别；从老员工角度分析，关系密切的老员工能以更加细致、更加专业、更加巧妙的方式进行指导，实现知识引导的隐性知识即经验的高效传播，为企业甚至联盟整体的知识资源库创造更多的新型知识资源。

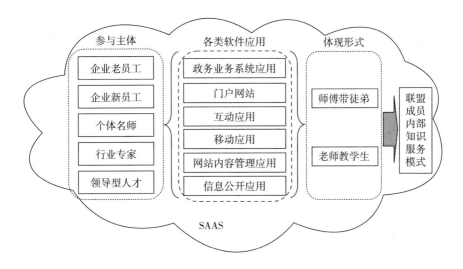

图 5 - 6　云计算产业联盟成员内部知识服务模式

5.3.2　联盟成员间知识服务模式

基础架构即服务（IAAS）是云计算产业联盟进行知识服务采用的云计算的最基本的一种服务方式，该服务方式为联盟成员提供近似直接使用的各种知识资源的服务端口。用户在使用该种服务方式时，可以通过网络直接获取相应的计算机能力资源、知识存储能力资源、原始数据并行化处理能力资源等。对于云计算产业联盟云平台知识服务能力的用户关键需求是系统问题，因此，云服务提供商为解决该问题，利用虚拟化技术将可用的软硬件资源进行虚拟化，并为用户提供虚拟资源池。同时，用户可以利用 PC 终端和移动终端向云平台提交所需的知识服务内容，通过云平台处理后反馈其服务处理结果。

云计算产业联盟成员间知识服务模式，主要的服务对象为联盟体内部的成员企业、组织或个人，并以混沌有序的形式将联盟的知识服务进行模式化处理，主要以知识网络模式进行体现。不同的企业或组织对知识的需求不同，因此造成所需的知识是混乱的，为有效解决联盟知识服务资源库需求问题，建立混沌知识网络结构则能从不同的知识节点出发，以适应不同节点的知识活动作为连接调整整体的知识服务方式。当联盟整体处于混沌状态时，利用该模式可以很快找到知识服务的主要企业或组织，即找到主要知识服务路径，从而确定企业或组织的真实性知识需求和知识供给。图 5 – 7 为云计算产业联盟成员间知识服务模式。

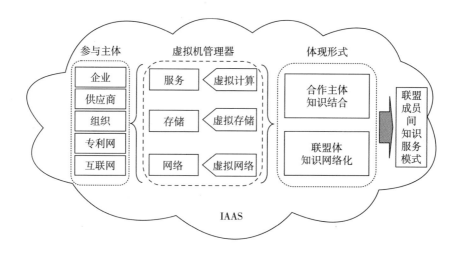

图 5 – 7　云计算产业联盟成员间知识服务模式

5.3.3　联盟混合知识服务模式

平台即服务（PAAS），该服务方式的核心是由云计算服务提供商提供的应用服务引擎，云计算产业联盟技术服务人员利用这些现有的应用服务引擎进行程序开发和构建，从而实现数据资源的快速处理，快速提取显性与隐性知识资源。PAAS 对云计算产业联盟云平台资源的抽象层次进行了更新，应用该种服务将云平台中的开发环境、运行环境提供给联盟成员企业，使得部分企业具备该种权限进行特定知识资源获取的应用开发，从而提高知识资源提取、存储与应用的效率。为降低云计算产业联盟及成员企业间的安全风险，该种知识服务模式下，采用知识服务水平协议（Knowledge Service Level Agreement，KSLA）进行约束，该协议主要服务于联盟成员企业、组织、个人等知识需求用户和云计算服务提供商，此协议需要对云计算服务供给系统的服务进行实时监控，并通过即时的反馈与预期服务质量进行对比，从而对现有的工作流程进行调整。

　　云计算产业联盟成员知识服务所面临的障碍主要是知识异质性、知识管理制度差异性以及信息不对称等问题造成的企业或组织的知识服务发展的不同，同时引起人员、管理结构以及资金运转等问题。为适应多变的行业领域竞争环境，必须通过合作方式才能提高企业本身的知识存量水平，从而改善企业的知识创新能力。

　　基于云计算产业联盟知识服务特性，联盟混合知识服务模式作为联盟成型后的主要知识服务运作方式，通过与联盟外部的联盟体、个体企业或组织等进行竞争或合作的一种独特的知识服务模式，从而发挥联盟整体的知识服务能力，实现知识资源利用最大化的效用。但同时也受到资金、知识资源短缺、人力成本等因素影响，造成了不同程度的合作风险。因此，该模式需要在不同的知识服务生命周期阶段中以适应性服务方式来分散企业间的合作竞争风险。该种模式能够使企业对知识创新进行推动。在这种竞争压力情况下，推动企业内人员或团队适应知识服务氛围，将压力转化为动力进行知识创新。云计算产业联盟混合知识服务模式如图5-8所示。

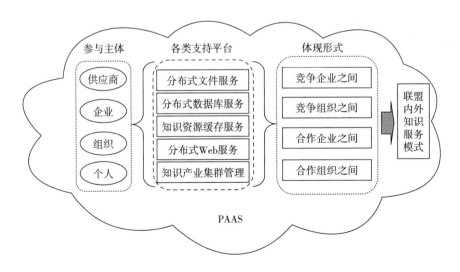

图5-8　云计算产业联盟混合知识服务模式

5.4 云计算产业联盟云平台知识
服务水平评价指标体系

5.4.1 基于贝叶斯模糊粗糙集评价指标筛选

应用贝叶斯模糊粗糙集模型进行模糊决策信息系统的属性约简，是在建立知识服务初始指标体系基础上，通过指标初始值给出评价的不同等价值类，在构造论域 U 上的模糊覆盖，采用相似度法建立模糊相似关系，根据指标模糊数值的比较来进行冗余指标或无效指标的删除，从而实现知识服务指标的筛选目的。

定义 1：设 $S = (U, A, V, f)$ 为模糊决策信息系统，$U = \{x_1, x_2, \cdots, x_n\}$。模糊属性集 $B = \{b_1, b_2, \cdots, b_m\}$，$B \subseteq A$，则元素 x_i，x_j 关于属性集 B 的相似度为 $R_B = (x_i, x_j) = 1 - \left(\dfrac{1}{m}\sum_{k=1}^{m}(x_{ik} - x_{jk})^2\right)^{\frac{1}{2}}$，其中，$x_i$，$x_j$ 看作是属性集 B 上的模糊集，x_{ik} 表示元素 x_i 在模糊属性 b_k 下的隶属度。

显然，R_B 是由属性集 B 所确定的论域 U 上的模糊相似关系，称为 B 的模糊相似关系。x_i 的相似类 $[x_i]_{R_B}$ 记为 $[x_i]_B$，$i = 1, 2, \cdots, n$，称为由模糊相似关系 R_B 或由属性集 B 诱导的模糊信息粒。

定义 2：设 U 为非空论域，$U = \{x_1, x_2, \cdots, x_n\}$，$A, B \in F(U)$，则 $\rho(A, B) = \left(\dfrac{1}{n}\sum_{i=1}^{n}(A(x_i) - B(x_j))^2\right)^{\frac{1}{2}}$ 为模糊集 A 与 B 之间的分离度，且 $0 \leqslant \rho(A, B) \leqslant 1$。

定义 3：设 $S = (U, A, V, f)$ 是一个模糊决策信息系统，$U = \{x_1, x_2, \cdots, x_n\}$，$A = C \cup D$，C 表示条件属性集，D 表示决策属性集，$B \subseteq C$，$R_B$，$R_D$ 分别为属性集 B、D 的模糊相似关系，记 $U/B = \{B_1, B_2, \cdots, B_n\}$，$U/D = \{D_1, D_2, \cdots, D_n\}$，其中，$B_i = [x_i]_B$，$D_j = [x_j]_D$，$i, j = 1, 2, \cdots, n$。$\varphi = \{C_1, C_2, \cdots, C_k\}$ 为 U 的一个模糊覆盖，D^F 为 U 上的模糊集包含度，称 $E = (F(U), \varphi, D)$ 为模糊包含近似空间，$\forall X \in F(U)$ 取 $P(X) = \max_i (P(\varphi_i))$，$i = 1, 2, \cdots, n$ 且 $P(X_k) \in (0.5, 1)$，则决策属性集 D 关于条件属

性集 B 的 P（X）下近似分布 $\underline{B}_{P(X)}$（D）和 1 - P（X）上近似分布 $\overline{B}_{1-P(X)}$（D）分别为：

$$\underline{B}_{P(X)}（D）= \{\underline{B}_{P(X)}（D_1），\underline{B}_{P(X)}（D_2），\cdots，\underline{B}_{P(X)}（D_n）\}，$$

$$\overline{B}_{1-P(X)}（D）= \{\overline{B}_{1-P(X)}（D_1），\overline{B}_{1-P(X)}（D_2），\cdots，\overline{B}_{1-P(X)}（D_n）\}，$$

$$\underline{B}_{P(X)}（D_j）= \cup\left\{B_i \in \frac{U}{B} \mid D^F（B_i，D_j）\geqslant P（X）\right\}，\overline{B}_{1-P(X)}（D_j）= \cup$$

$\left\{B_i \in \frac{U}{B} \mid D^F（B_i，D_j）> 1 - P（X）\right\}$。称 $pos_B^{P(X)}（D）= \cup_j \underline{B}_{P(X)}（D_j）$ 为 D 关

于 B 的 P（X）正域；称 $\gamma_B^{P(X)}（D）= \dfrac{Card（pos_B^{P(X)}（D））}{|U|}$ 为 D 对于 B 的 P（X）

依赖度，或者称为 B 对 D 的 P（X）支持度。

以下为利用分离度定义属性间相对重要度。

定义 4：设 S =（U，A，V，f）是一个模糊决策信息系统，A = C∪D，C 为条件属性集，D 为决策属性集，B⊆C，ρ 为 F（U）上的分离度，P（X）∈（0.5，1），则 b∈B 在 B 中相对于模糊决策属性集 D 的 P（X）重要度为 $sig_1^{P(X)}$（b，B，D）= $\sup_j \{\rho（\underline{B}_{P(X)}（D_j），\underline{B-b}_{P(X)}（D_j））\}$，

则 c∈C 在 C 中相对于 D 的 P（X）重要度为 $sig_1^{P(X)}$（c，C，D）= $\sup_j \{\rho（\underline{C}_{P(X)}（D_j），\underline{C-c}_{P(X)}（D_j））\}$，

则 b∈C - B 关于 B 相对于 D 的 P（X）重要度为 $sig_2^{P(X)}$（b，B，D）= $\sup_j \{\rho（\underline{B∪b}_{P(X)}（D_j），\underline{B}_{P(X)}（D_j））\}$。

C 中全部相对于 D 的 ε 精度 P（X）必要的属性的全体，可称为 C 相对于 D 的 ε 精度核，记为 $core_{P(X)}$（C，D，ε）。

定义 5：设 S =（U，A，V，f）是一个模糊决策信息系统，A = C∪D，C 表示条件属性集，D 表示决策属性集，B⊆C，$0\leqslant\varepsilon<1$，P（X）∈（0.5，1），如果 B 满足：

$$\sup_j \{\rho（\underline{C}_{P(X)}（D_j），\underline{B}_{P(X)}（D_j））\} \leqslant\varepsilon，$$

$$\forall b\in B，sig_1^{P(X)}（b，B，D）= \sup_j \{\rho（\underline{B}_{P(X)}（D_j），\underline{B-b}_{P(X)}（D_j））\} >\varepsilon$$

则称 B 是 C 相对于 D 的 ε 精度近似约简。在所有近似约简中，最小约简满足包含的条件属性个数为最小值。

属性约简问题是 NP 问题，不可直接用定义对决策信息系统进行属性约简。利用属性的相对重要度，给出 IDB - BRS 模型的属性约简启发式算法。

算法：IDB－BRS 模型属性约简算法

输入：模糊决策信息系统

$S = (U, A = C \cup D, V, f)$，模糊包含度 D^F，参数 ε；

输出：S 的一个相对约简 red。

step1　随机选取 $c \in C$，计算模糊相似关系 R_c，计算模糊相似关系 R_D；

step2　$c \to red$；

step3　for 任意 $c_i \in C \to red$

$\qquad$ 计算 $sig_i = sig_2^{P(X)}(c_i, red, D)$；

$\qquad$ end

step4　选择属性 c_q 满足：$sig_q = \max_i \{sig_i\}$；

step5　if 属性 c_q 的重要度 $sig_q > \varepsilon$

$\quad$ $c_q \cup red \to red$；

$\quad$ 返回 step3

else

$\quad$ 输出 red

End

为了增大搜索到最小约简的概率，step1 采用随机搜索，且在 step4 中，当选择属性 c_q 时，如果出现一个以上的属性满足 $sig_q = \max_i \{sig_i\}$ 时，也采用随机搜索来降低产生局部最优解的风险。在基于模糊包含度的贝叶斯粗糙集属性约简算法中时间复杂度主要由 step3 和 step4 决定，step3 的时间复杂度为 $O(|C||U|^2)$，step4 的时间复杂度为 $O(|C|^2|U|^2)$，因此可知算法总体的时间复杂度为 $O(|C|^2|U|^2)$。

根据以上的贝叶斯模糊粗糙集评价指标约简算法定义，给定知识服务指标筛选步骤：

步骤 1：对初始知识服务评价指标体系 C，求其 IND（C）；

步骤 2：在满足 IND（C）的基础上，求出每个指标的 IND（C － $\{a_i\}$），其中 i = 1, 2, …, m；

步骤 3：当 IND（C － $\{a_i\}$）= IND（C）时，表明该指标属于冗余指标，进行剔除；

步骤 4：指标筛选后的指标体系为 RED（C）= $\{a_k | a_k \in C, IND(C － \{a_k\}) \neq IND(C)\}$。

通过贝叶斯模糊粗糙集指标筛选后，可以将表 5-1 中的初始云计算产业联盟云平台知识服务指标进行删减，从而将一些影响程度低、关联程度差的指标进行剔除，并得到表 5-2 删减后的云计算产业联盟云平台知识服务指标，为效果评价提供支持。

5.4.2　知识服务指标体系构建

5.4.2.1　指标体系构建原则

基于联盟知识服务概念模型构建的知识服务指标体系，在满足概念模型的基础要求上来实现联盟知识服务模式分析，具体有以下四点：

（1）科学性原则。指标体系的构建必须遵从科学性规范进行构建，才能应用理论和方法进行影响因素的分析，是确保知识服务模式评价模型正确与否的基本原则。在云计算产业联盟中构建知识服务指标体系应避免主观倾向的判断，以适应于联盟知识服务构建具有科学性的指标体系。

（2）系统性原则。影响联盟知识服务的影响因素与指标较多，为明确提高联盟知识服务水平的指标，需要全面系统地来确定联盟相关知识要素，从而构建一个具有系统性、全面性的指标体系，以确保评价的可靠与准确。

（3）可行性原则。知识服务指标体系的构建是为了实现云计算产业联盟知识服务水平的判断。为有效设计与实施，需明确指标体系所涉及的指标数量、指标性质，从定性与定量、联盟内与联盟外等方面对知识服务进行考评。

（4）完备性原则。完备性原则在云计算产业联盟知识服务指标体系中，主要体现于知识影响因素的全面、评价方法与理论的充实、问题解决的模型与路径的选择。因此，本书所构建的知识服务指标体系应充分反映联盟成员对知识服务的态度、水平、能力等，力求从不同角度对知识服务相关指标及影响因素进行分析与评价。

5.4.2.2　指标体系构建

对于联盟知识服务水平程度是依据知识服务水平而判定的，而对于知识服务水平的判定则需要从联盟整体与联盟成员的多角度进行分析。例如，联盟所处的市场环境、联盟整体的管理体制、企业或组织的财务状况、企业或组织的员工管理制度等。因此，为有效评价联盟知识服务的效果，本书将从以上几个角度对联盟的知识服务指标体系进行设计，并在 5.5.2 节内应用贝叶斯模糊粗糙集方法对初始指标以满足云计算产业联盟知识服务需求而进行指标筛选，并应用评价方法对其进行初始评价测试，为实证研究做基础准备，结合模糊综合评价及 AHP 方法对云计算产业联盟云平台知识服务体系进行层次分析。以下给出其层次结构示意图，如图 5-9 所示。

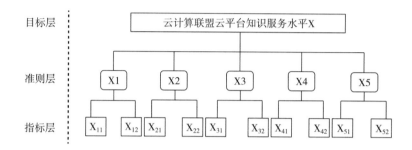

图5-9　云计算产业联盟云平台知识服务层次结构

本书提出的知识服务水平评估主要应用了定性与定量相结合的方法来进行指标处理，定量描述能够克服指标选取的缺陷，从客观角度对企业服务效果来反映事实，而定性描述则是从专家角度对一些无法量化的指标进行的说明。

云计算联盟云平台知识服务水平指标体系的一级指标包括知识服务态度、知识服务行为、知识服务环境、知识特性及技术特性构成。每个一级指标又包含若干个二级指标，以下给出详细的初始指标体系说明，如表5-1所示。

表5-1　云计算产业联盟云平台知识服务指标体系

目标级	一级指标	二级指标	指标说明
云计算联盟云平台知识服务水平	知识服务态度	个体知识服务意愿	在知识服务过程中，主要的知识来源于个人头脑，因此，个人知识服务意愿决定了联盟知识服务的最终效果
		企业间知识沟通表达	作为联盟成员，企业间的沟通率与表达效果同样决定知识服务的最终效果
		团队知识服务氛围	企业内部团队的知识交互决定了知识服务的效率，知识服务氛围影响着个体对知识资源的共享与学习能力
		团队协作精神	以实现团队目标为目的，保证任务的完成度和质量，使得成员间发生知识服务

续表

目标级	一级指标	二级指标	指标说明
云计算联盟云平台知识服务水平	知识服务态度	自我效能	自我效能是判断知识服务主动性与否的关键指标，效能越高，表明成员对知识需求与服务度越高
		风险感知态度	联盟成员对风险的感知意愿决定了知识服务的积极程度
	知识服务行为	公平知识服务	联盟间或联盟成员之间的合作效率，判定知识服务公平与否，主要包括服务程序和利益分配的公平
		寻求知识主动性	联盟成员及企业内部的信任表明风险共担的特性，必须时刻保持知识互通
		知识再创造	联盟在进行知识服务过程中，用于体现联盟成员对知识资源的吸收能力与运用能力的唯一表现
		知识传播度	知识服务行为主要体现于联盟服务于内部成员企业和外部企业，因此，知识传播决定了知识资源的转化率与利用率
		服务途径完善程度	知识服务途径的选择与优化是决定知识服务效率高低的直接判定，因此其完善程度也是联盟知识管理的重要参考
		激励方式与个体需求的吻合度	根据团队效能确定激励方式与个体之间的契合度，才能判定个体知识服务意愿是否有所转变
	知识服务环境	服务路径网络化	以网络化行为来提升联盟知识服务行为效率
		信息系统的投资额	联盟体的知识管理相关技术的发展决定了知识服务系统能否顺利实施，对于信息技术的投资额度越高，信息系统越完善，指标则越容易可控
		企业间信任度	联盟成员企业间的信任度越高，表明知识服务水平越好
		知识人才开发指数	知识型人才主要以工龄、受教育程度、知识储备量等进行衡量
		知识社区组织数目	其主要由专业与非专业工作者组成，且该组织数量是评估联盟成员组织知识服务水平的重要方法
		知识服务规章制度完善度	该制度完善度能够表述联盟成员间进行知识服务程度，对知识管理与转移起到了保护作用
	知识特性	知识的时效性	对于联盟成员知识需求，所需知识必须满足时效才能保证知识服务的高效
		编码化的难易程度	根据知识本身的特性来对知识进行知识编码，主要是对显性知识进行编码，而隐性知识需要在转化后才能以编码形式进行存储

目标级	一级指标	二级指标	指标说明
云计算联盟云平台知识服务水平	知识特性	所服务知识的唯一性程度	知识唯一表明了知识的独特性，是企业或组织在联盟中占据地位的有力证据，也是企业实现联盟合作的唯一凭证
		知识流动性	知识流动性是知识在现实传播过程中，受到不同的主体与环境的影响而产生的一种知识转化行为
	技术特性	计算机网络硬件维护	计算机技术软硬件是决定知识服务信息化行为的唯一支持手段，其主要包括知识资源存储、提取等
		网络信息资源	主要是指存在于网络中对联盟成员项目合作的有利知识资源
		文档图书馆	其主要存储的是显性知识，可供用户进行直接信息检索与应用的一种直接查询方式和存储方式
		信息化程度	在知识服务过程中判定其能够将理论描述应用于实际场景中的一个标准
		网络联结程度	联盟成员在知识网络中相互关联度的大小的判定标准
		知识网络密度	联盟成员进行知识服务的网络密集程度，密度越高表示该区域内的知识服务活动与程度较高
		智能代理技术	智能代理是简化知识服务主体，提高其与客体和环境之间知识交互的一种新型技术

5.5 云计算产业联盟云平台知识服务水平评价

知识服务水平评价能够避免重复性的知识融入到联盟成员知识共享体系中，造成知识资源浪费等现象发生。对于知识服务中存在的问题，本书将通过知识服务水平评价来提供信息反馈，从而有效反映企业、组织等战略目标和行为活动的协调一致性，进而优化并完善现有的知识共享系统。云计算产业联盟云平台的服务效果评价就是选择评价方法应用于知识服务筛选后的指标体系，对联盟成员企业或组织进行实时监控，按照每个指标进行记录、衡量，最终通过评价方法给予综合评定值，从分析的评价结果中给出知识并利用反馈，为联盟、联盟成员企业等的知识管理人员或团队提供纠错方案，实现知识资源最大化的转移、分享、利用与创新。

5.5.1　云计算产业联盟云平台知识服务水平评价方法选择

在传统效果评价中，评价方法众多，主要有主成分分析法、数据包络分析法（DEA）和模糊评价法，而对于指标权重确定方法最为常见的有层次分析法、最大熵技术法、离差最大化法、专家打分法等。根据图 5-11 云计算产业联盟云平台知识服务层次结构可以看出，云计算产业联盟云平台知识服务层次分明，且由表 5-1 可以看出，大部分的指标均为定性指标。因此，本书采用层次分析法与专家打分法来确定指标权重。因为部分指标间具有一定的数据与概念模糊性，为解决这些问题，笔者采用模糊综合评价法来进行知识服务水平评价，从而确定云计算产业联盟云平台知识服务水平和程度，为进一步开发与优化提供理论指导。以下给出方法基本内容描述：

5.5.1.1　AHP 和 Delphi 法

层次分析法（Analytic Hierarchy Process，AHP），是一种多目标准则决策方法，由美国运筹学家 T. L. Satty 在 1971 年提出，主要应用于计划制定、资源分配、方案排序等。而专家打分法（Delphi）则利用专家对相关研究的经验性打分形式来做定量的判断，其主要优点是在没有研究资料和数据的条件下进行量化操作，是定性指标转为定量指标的最直接、最简便的一种方式，但同时也具有一定的片面性。AHP 法必须将研究目标以层级化形式分解成不同的多级指标，常见的分为目标层、准则层、指标层和对象层，对每层的指标因素以 Delphi 法进行重要程度的判断，在此判断过程引入李克特量表法（1~9 标度法）来给出不同指标层级的重要程度。因此，在云计算产业联盟知识服务水平判断时应用 AHP 和 Delphi 法能够简单实现服务程度的判断。AHP 权重方法确定四个步骤：①建立层次分析模型；②构建判断矩阵；③指标一致性检验；④进一步分析，并确定每个指标权重，为综合评价提供权向量数值支持。

5.5.1.2　模糊综合评价法

模糊综合评价法（Fuzzy Synthetical Evaluation，FSE），主要应用的是模糊集理论对指标集进行评价的一种方法。其能够应用指标间的模糊关系进行不同的知识维度的判断，确定不同研究主体的隶属评价等级，并结合层次分析法确定的指标权重来判定不同主体的综合评价分值的大小，从而进行主体因素和指标因素的排序。该方法的最大优点是能够应用模糊集特性对指标的定性分析问题，能够有效解决隐性知识的评价问题。FSE法评价一般分为六个步骤：①选定评语等级论域；②给出指标因素隶属向量；③确定指标因素权向量；④选择合成算子；⑤得到模糊综合评价结果；⑥进一步分析，并重复步骤④⑤，直至最终评价结果向量确定为止。

5.5.2　云计算产业联盟云平台知识服务水平评价过程

5.5.2.1　评价指标集的确定

基于贝叶斯模糊粗糙集评价指标筛选得到云计算产业联盟云平台知识服务评价指标集，如表5-2所示。

表5-2　云计算产业联盟云平台知识服务水平评价指标集

一级指标	二级指标	指标类型
知识服务态度（X_1）	个体知识服务意愿（X_{11}）	定性指标
	企业间知识沟通表达（X_{12}）	定性指标
	团队知识服务氛围（X_{13}）	定性指标
	团队协作精神（X_{14}）	定性指标
	风险感知态度（X_{15}）	定性指标
知识服务行为（X_2）	寻求知识主动性（X_{21}）	定性指标
	知识传播度（X_{22}）	定量指标
	服务途径完善程度（X_{23}）	定性指标
	激励方式与个体需求的吻合度（X_{24}）	定性指标
知识服务环境（X_3）	信息系统的投资额（X_{31}）	定量指标
	企业间信任度（X_{32}）	定性指标
	知识人才开发指数（X_{33}）	定量指标
	知识社区组织数目（X_{34}）	定量指标
知识特性（X_4）	知识的时效性（X_{41}）	定性指标
	编码化的难易程度（X_{42}）	定性指标
	所服务知识的唯一性程度（X_{43}）	定性指标
	知识流动性（X_{44}）	定量指标

一级指标	二级指标	指标类型
技术特性 （X_5）	计算机网络硬件维护度（X_{51}）	定量指标
	网络信息资源（X_{52}）	定量指标
	信息化程度（X_{53}）	定量指标
	网络联结程度（X_{54}）	定量指标
	知识网络密度（X_{55}）	定量指标

5.5.2.2 指标权重值的确定

应用 AHP 和 Delphi 法确定知识服务评价指标权重值，具体步骤如下所示。

（1）知识服务水平评价层级结构确定。在云计算产业联盟多层级指标基础上给出知识服务层次结构如图 5-10 所示。

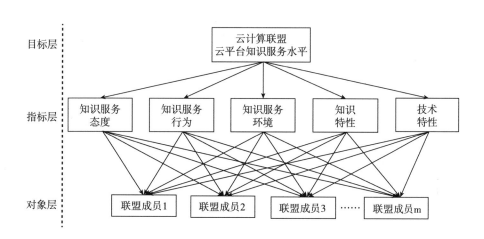

图 5-10 云计算产业联盟云平台知识服务水平评价层级结构

（2）基于 Delphi 法给出判断矩阵。判断矩阵中的数值是行业领域中的专家根据经验来给出的重要程度，一般采用李克特量表法，详细如表 5-3 所示，并结合指标体系给出云计算产业联盟知识服务一级指标 X 的判断矩阵。

表 5-3 两两比较判断矩阵打分 1~9 标度法

标度	含 义
1	指标 A 与指标 B 比较，表示指标 A 比指标 B 具有相同重要性

标度	含　义
3	指标 A 与指标 B 比较，表示指标 A 比指标 B 稍微重要
5	指标 A 与指标 B 比较，表示指标 A 比指标 B 明显重要
7	指标 A 与指标 B 比较，表示指标 A 比指标 B 强力重要
9	指标 A 与指标 B 比较，表示指标 A 比指标 B 极端重要
2，4，6，8	表示为上述相邻判断的中间值
倒数	如果指标 A 与指标 B 的重要程度之比为 C_{ij}，则指标 B 与指标 A 的重要程度之比为 $1/C_{ji}$

为简要说明层次分析法如何应用，本节将对知识服务指标体系的一级指标之间和每个二级指标的判断矩阵进行构造，并使用 $X = (x_{ij})_{m \times n}$ 进行表示，显然该判断矩阵具有如下特点：①$x_{ij} > 0$；②$x_{ij} = 1/x_{ji}$；③$x_{ij} = 1$。因此，给出判断矩阵示例：

$$X = \begin{bmatrix} x_{11} & x_{12} & \cdots & x_{1n} \\ x_{21} & x_{22} & \cdots & x_{2n} \\ \vdots & \vdots & \vdots & \vdots \\ x_{m1} & x_{m2} & \cdots & x_{mn} \end{bmatrix}, \text{将其用权重值比较表示为：} X \approx \begin{bmatrix} 1 & \dfrac{w_1}{w_2} & \cdots & \dfrac{w_1}{w_n} \\ \dfrac{w_2}{w_1} & 1 & \cdots & \dfrac{w_2}{w_n} \\ \vdots & \vdots & \vdots & \vdots \\ \dfrac{w_m}{w_1} & \dfrac{w_m}{w_2} & \cdots & \dfrac{w_m}{w_n} \end{bmatrix}$$

其中，应用 w_i/w_j 来表示指标 i 相对指标 j 的专家评定重要程度。

（3）根据判断矩阵来计算指标权重。详细步骤如下：

1）判断矩阵中的每一列指标元素进行归一化，如式（5-1）所示：

$$\bar{x}_{ij} = \frac{x_{ij}}{\sum\limits_{k=1}^{n} x_{kj}} \quad (i = 1, 2, 3, \cdots, m; j = 1, 2, 3, \cdots, n) \tag{5-1}$$

2）对归一化后的判断矩阵按行求和，如式（5-2）所示：

$$\overline{W}_i = \sum\limits_{j=1}^{n} \bar{x}_{ij} (i = 1, 2, 3, \cdots, m; j = 1, 2, 3, \cdots, n) \tag{5-2}$$

3）将求和后的列向量再进行归一化处理，并令 $W = [W_1, W_2, W_3, \cdots, W_m]^T$ 为特征向量，如式（5-3）所示。

$$W_i = \frac{\overline{W}_i}{\sum\limits_{i=1}^{m} \overline{W}_i} \quad (i = 1, \ 2, \ 3, \ \cdots, \ m) \tag{5-3}$$

计算判断矩阵的最大特征根：$\lambda_{max} = \dfrac{1}{m} \sum\limits_{i}^{m} \dfrac{(Xw)_i}{mW_i}$ （$i = 1, \ 2, \ 3, \ \cdots, \ m$），其中，$(Xw)_i$ 被称为指标因素第 i 个分向量，用 Aw 表示。

（4）判断矩阵的一致性检验。一致性检验是判断最大特征值正确与否的一种操作，如果不满足一致性检验则说明评估指标有误，需要进行纠正处理。随机一致性指标 RI 如表 5-4 所示。

表 5-4　随机一致性指标参考 RI

m	1	2	3	4	5	6	7	8	9	10
RI	0	0	0.5258	0.8924	1.1099	1.2507	1.3353	1.4087	1.4526	1.4876

为了对判断矩阵 X 进行一致性检验，需要确定一致性指标 CI，并确定最大特征值 λ_{max}，找到表 5-4 中相对应的 RI 来确定随机一致性指标 CR，如式（5-4）、式（5-5）所示：

$$CI = \frac{\lambda_{max} - m}{m - 1} \tag{5-4}$$

$$CR = \frac{CI}{RI} \tag{5-5}$$

当 CR 值越小时，表明判断矩阵 X 的一致性越好，如果 CR < 0.1，那么判断矩阵 X 则满足一致性检验。

（5）计算各个指标层级的权重。以上描述值说明了一组指标的权重向量的计算，为确定云计算产业联盟云平台知识服务全部指标的权重，需要重复操作以上所有步骤，直至各指标权重均计算完毕为止，并对每个底层对象进行目标权重值的排序，确定哪些对象对于指标层所产生的重要程度较大。

5.5.2.3　多级模糊综合评价

按照模糊综合评价步骤给出如下详细操作：

（1）选定评语等级论域。$S = (S_1, S_2, S_3, S_4, S_5)$，每个评语值相应表示为（很高，较高，一般，较低，很低）。

（2）给出指标因素隶属向量。构造隶属度向量矩阵 R，详细描述如式（5-6）

所示:

$$R = R_{ik} = \begin{bmatrix} R_{11} & R_{12} & \cdots & R_{1k} \\ R_{21} & R_{22} & \cdots & R_{2k} \\ \vdots & \vdots & \vdots & \vdots \\ R_{m1} & R_{m2} & \cdots & R_{mk} \end{bmatrix} (i = 1,\ 2,\ 3,\ \cdots,\ m;\ k = 1,\ 2,\ 3,\ 4,\ 5)$$

$$(5-6)$$

（3）确定指标因素权向量。对于 X 矩阵中的每个指标因素的权重的测度，需要确定每个因素专家给予的重要程度，利用数学模糊算子来确定判断矩阵 X 上的模糊子集，令权重为 $W = (w_1,\ w_2,\ w_3,\ \cdots,\ w_m)$，且 $\sum_{i=1}^{m} w_i = 1 \quad w_i \geq 0 \ (i = 1,\ 2,\ 3,\ \cdots,\ m)$。

（4）选择合成算子。合成算子的选择是确定指标因素的综合评定值最为直接的运算方式，为有效解决本书提出的知识服务所涉及的指标因素综合评定问题，应用合成算子"∘"进行运算。

（5）模糊综合评价。根据多级指标的权重向量值以及指标的隶属度，结合云计算产业联盟云平台知识服务的指标体系最底层开始逐层进行综合评价，直至确定云计算产业联盟云平台知识服务水平目标层的综合评价值。因此，利用模糊矩阵乘法来进行计算，将模糊综合评价结果集定义为 F，则 $F = W \circ R$，将模糊综合评价结果 F 与评语值进行比较，最终确定云计算产业联盟云平台知识服务水平。

5.6 本章小结

本章给出了云计算产业联盟知识服务的驱动力，从知识的性质、知识管理制度和知识服务信息等方面确定知识服务的障碍，为有效解决这些障碍设计了适用于云计算产业联盟的混合知识服务模式、成员间知识服务模式和成员内部知识服务模式，对于云计算产业联盟云平台知识服务水平构建的评价指标体系，提出了贝叶斯模糊粗糙集评价指标筛选算法，并对云计算产业联盟云平台知识服务水平进行了分析与评价。

第6章 实证研究

6.1 中关村云计算产业联盟概况及知识共享现状

6.1.1 中关村云计算产业联盟概况

中关村云计算产业联盟成立于 2010 年 7 月 9 日，该联盟主要在北京市委、市政府领导以及中关村管理委员会等相关部门大力支持推动下而形成的，并由百度、联想、用友、金山、神舟数码、搜狐、新浪、京东商城等 20 家单位在北京发起。2013 年 3 月 29 日，联盟获得北京市民政局社团办批准，直至 2015 年底联盟成员增至 162 家。

云计算产业联盟主要将应用作为实践导向、将产业作为战略主线、将技术创新进步作为发展核心，依托在京主要企业和重点研究机构，成立产学研用相结合的北京中关村云计算产业联盟作为其发展宗旨。通过联盟将其产业链上下游资源进行汇聚，促进云计算领域中产生良好的产学研合作氛围，构建产业内的有利于技术创新进步的和谐环境，旨在在国内云计算产业领域发展中具备一定的影响力和号召力。发展云计算产业及其应用，通过利用重点的工程示范全面提高北京大部分企业的科研能力，进而能够辐射带动国内云计算产业的快速发展与进步。联盟的目标是形成其自主的核心技术和知识产权，加速制定云计算技术和产品指标，实现技术成果在京实现产业化的高效发展。

6.1.2 中关村云计算产业联盟知识共享现状

中关村云计算产业联盟将整体化作为发展过程中的新思路，以积极协助企业申报和建设国家云计算工程研究中心，搭建云计算研发合作平台，推动云计算应用一系列相关业务发展，全面提升北京乃至全国以云计算技术发展创新应用水平和产业核心竞争力为主要目的。同时，云计算产业联盟预计经过三年的不懈努力与发展，努力建设具有标志性的典范工程，不断培育发展行业内龙头企业，目标是能够主导和参加行业内、国家内部尤其是国际的相关行业标准制定会议，积极争取政府对产业的政策支持，提高相应技术成果在京实现产业化的速度与效率，让我国北京中关村成为云计算产业的最高技术核心和产业研发中心。

中关村云计算产业联盟为有效提高成员进行高效合作，提出联盟实施主要八项任务：一是促进政府建立相关的产业发展政策、体系和机制，提供合理化建议；二是帮助政府制定一系列相关行业规范准则、技术应用水平以及产品生产标准，同时以身作则协调贯彻实施；三是主动帮助企业与政府进行业务对接，致力向政府推荐重要应用示范工程、创新性的新技术新产品、中小创新型的新企业等；四是努力争取促进行业内的企业和科研机构进行合作，实现知识资源和利益的共享和优势互补，促进产学研合作；五是加强成员间的知识技术交流、促进信息沟通，鼓励多种形式共同存在的合作创新模式，一起研究相关产业的发展策略与商业模式；六是切实落实政府委托的各项工作事务，如项目申报、企业调研、行业研究等；七是协助联盟企业开展宣传工作，同时接受相关事务咨询；八是协调企业关系，规范市场行为，营造良好产业氛围。通过以上联盟管理的任务可以看出，该联盟主要以政府、产学研为主，进行技术交流、整体知识管理，为高效知识共享提供保障。

为促进技术创新和商业模式创新，培育原创技术和原创产业，建设具有全球影响力的科技创新中心和高技术产业基地，中关村科技园区管理委员会新成立中关村政府采购促进中心，主要负责收纳各单位新产品、新技术等工作。各企业若有新技术新产品可随时发布，联盟每周四制作简报，报送至中关村科技园区管理委员会政府采购促进中心，同时刊登至联盟网站便于企业宣传。以此作为联盟年度项目储备，提高联盟组织内成员的活跃性，增强联盟组织的丰富性。

凡接受《中关村云计算产业联盟章程》规定和本协议条款并签署缔约登记表的企事业单位，即视为愿意加入联盟，享有联盟章程中的各项权利并承担各项义务。入盟时间以一个自然月为计算单位，入盟的总时间不能低于一个自然月。联盟对会员、理事和常务理事提供不同的增值服务，免费向会员寄发相关资料，通过协会网站和其他渠道及时报道业界动态、相关政策以及会员动态，搭建信息沟通桥梁。为了更好地了解会员需求、帮助会员解决问题，联盟秘书处将通过走访企业、电话、邮件、座谈、问卷调查等多种形式与会员保持经常性联络，将企业需求及时反映给有关政府部门。为维持联盟组织内的秩序稳定，联盟成员都应当履行六点相应义务：一是遵守联盟章程，严格按要求执行本协会决议；二是致力于推进联盟内的共同建设，完善联盟知识产权管理细则；三是积极主动维护联盟的合法权益；四是按时完成联盟交付的任务和工作；五是按规定定期交纳会费；六是积极主动参加和无条件支持本联盟的承包举办的各项活动。如果联盟组织内出现严重违反联盟章程和本协议、严重有损联盟成员权益的行为、不能履行联盟成员义务、不愿意成为联盟成员等情况，入盟单位可以或将被要求退出联盟，联盟成员在退出过程中退会应书面的形式通知联盟秘书处，此后便不能够继续享受联盟提供的所有权利和服务。

6.2 中关村云计算产业联盟云平台知识获取

6.2.1 中关村云计算产业联盟云平台知识获取模式

6.2.1.1 内部知识获取模式

中关村云计算产业联盟在进行知识共享过程中，对联盟成员企业进行了相应的知识共享规范，且对于企业内部的知识获取主要涉及联盟成员企业内部人员的实际参与情况。主要体现为结构型知识、关联型知识和认知型知识。成员企业间及企业内部的关联度较高，造成业务往来较为频繁，通常设定这种联系频繁的企业节点称之为强关联。强关联通常是以联盟成员企业内部个人、组织或团队形式与外部企业之间发生知识资源的交互，该种方式较容易获取高质量的隐性知识。由于中关村云计算产业联盟云平台在运行过程中促使联盟知识网络以弱关联的形式展现，且联盟成员企业在不影响联盟体的前提下正常进行企业内部的知识共享活动，并与联盟外部的企业或个人进行合作，从而改善自身企业的知识存量水平。这种弱关联相对于强关联具有一定的松散性，且在其网络结构中主要体现于节点企业间的网格密度大，即节点企业之间的联系较为疏远，表面相关的节点企业间进行的业务往来活动较少。虽然这种弱关联的企业之间的合作通常获取的知识主要以显性知识为主，但是也存在创造新知识的隐性知识交互。信任是证明联盟成员间高效进行知识共享的唯一前提，信任度高才能保证联盟成员企业在进行知识共享过程中避免不必要的信息资源泄露现象发生。中关村云计算产业联盟由政府引导，在加入该联盟体的情况下，已经默许大部分企业基本上可以保证共享知识的真实性和信息保密性。自长期运行以来，联盟成员企业间通过长期的项目合作已经建立起高度的信任关系，使得合作的双方企业均愿意主动进行有价值的知识资源共享，表明企业间的信任度越高，联盟成员企业进行知识交互行为越频繁，成员企业获取的知识量和共享的知识量就越大。由于隐性知识在进行知识共享过程中较难传递，因此，可通过人才引进或人员培训方式来进行企业间的知识交流。只有联盟成员企业间拥有共同的发展愿景或共同的知识发展方向才能促进联盟的整体发展，而为实现联盟成员企业的共同目标则必须提高成员企业的认知能力，增强成员企业之间的知识互动的积极性，从而促进隐性知识在联盟成员企业进行共享，实现知识的不断传递与整合。中关村云计算产业联盟内部知识获取模式如图6-1所示。

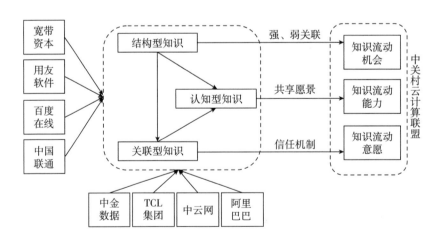

图6-1 中关村云计算产业联盟内部知识获取模式

6.2.1.2 外部知识获取模式

在知识共享过程中，云计算产业联盟知识网络中的节点企业之间很难做到获取知识的信息无阻碍共享，如果网络节点企业拥有的异质性知识资源较多时，对于知识需求方更容易解决信息共享的不对称性问题，通过该桥梁可以拓宽联盟企业在知识领域中的发展。由于弱关联性的影响，导致中关村云计算产业联盟在进行知识共享过程中，必须考虑合作双方的企业之间的关联度，从而以知识共享桥梁的形式来连接合作的双方，改善现有的知识共享的弱关联。对于中关村云计算产业联盟成员企业所处的区域、业务领域的不同分析，明确成员企业在进行业务或项目合作过程中必须考虑其所处的社会网络，具有强关联的成员企业之间的知识交流多体现于隐性知识的交互，而弱关联的企业之间的合作则多以显性知识交互。但企业需渐进式发展，中关村云计算产业联盟为这些弱关系的成员企业提供"特殊服务"，加强合作企业的关联度，增强企业间的信任，使企业间更愿意主动进行知识合作与共享，同时也减少了知识流动过程中造成的知识冗余，影响企业知识创新效率。因此，云计算产业联盟的核心企业必须以主动姿态从联盟外部企业或外部联盟体进行先进技术、先进知识或先进人才的学习与引进，从而加强联盟内部企业间的知识流动性，并不断获取联盟外部的异质性知识来弥补联盟在知识领域中发展的不足。对于以上行为需要中关村云计算产业联盟进行"拉"动式获取外部知识，从而将联盟外部的知识吸收到联盟体内部企业中，并转化到联盟内部知识库中，从而促进联盟整体的知识创新。中关村云计算产业联盟外部知识获取模式如图 6 – 2 所示。

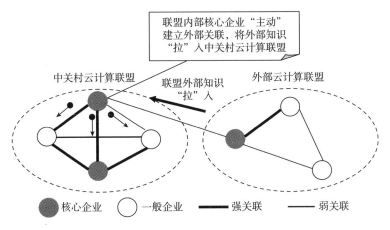

图 6 – 2 中关村云计算产业联盟外部知识获取模式

6.2.1.3 混合知识获取模式

云计算产业联盟成员企业在特定的区域空间进行知识共享，其所需的共享环境必须满足企业的价值观和工作习惯，联盟内部的成员企业间在长期的知识合作过程中必须明确分工与协作的内容，从而提升企业间的信任度，对于共享的知识需要进行统一处理，根据成员企业对知识的共享程度，且依据实际情况判断知识的可利用性和冗余程度来给予企业权限进行知识的利用，从而弱化联盟成员企业间的知识交互度不均造成的知识势差，影响成员企业以后的合作，锁定关键性知识共享的技术问题。云计算产业联盟的混合知识获取模式主要采用的是一种"推式"知识获取方式，其依赖于无标度网络与优先连接机制，即当新的联盟成员企业节点出现时，联盟整个知识网络节点则会趋于主动连接已连接多个节点的节点企业，其代表该企业与联盟的大部分成员进行过项目或业务合作，且对于知识资源相关合作具有较高的信任度，因此，与该节点企业进行合作可以减少合作风险。在云计算产业联盟中优先连接联盟内部成员企业与外部成员企业，能够促使云计算产业联盟的知识资源合作更具有开放性。通过与外部企业和联盟之间的知识合作，不仅可以稳固现有的联盟形态，还能够促使外部联盟企业积极参与联盟内部的知识合作，从而提升联盟体和联盟成员企业在市场中的竞争地位。该模式不仅可以使联盟的知识或关系等资源不断地增加，还能引入更多的企业加入云计算产业联盟，从而弥补联盟体已有的知识缺陷。从该模型可以看出，这种知识获取模式属于一种被动的"推"式获取，但其能够弥补内部知识获取的不足，也能提升联盟的知识存量。中关村云计算产业联盟混合知识获取模式如图 6 - 3 所示。

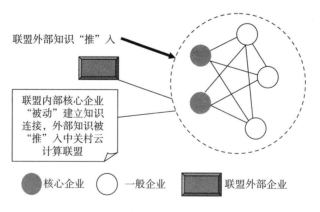

图 6 - 3　中关村云计算产业联盟混合知识获取模式

6.2.2 中关村云计算产业联盟知识的云获取

中关村云计算产业联盟云平台是构建于云计算基础上的。因此，知识获取与存储均采用了云计算相关资源，利用云资源池来提供知识资源的透明化存储，并通过计算机集群在联盟体中合理调配知识资源。根据联盟成员的特性以及知识贡献程度使用私有云、公有云以及混合云三种方式来提供知识服务，实现联盟成员间合作的知识资源虚拟化和高效服务化，利用云计算技术实现知识资源的重新分解与整理，并结合不同的联盟成员需求创造出新的知识形式，从而实现安全可靠且优质价廉的知识服务。由于联盟成员间对于知识的获取、吸收、转化等能力存在较大的差异性，造成了知识共享的资源缺口问题，为解决该问题应对联盟内成员发展情况进行充分了解，并结合不同的成员实现知识资源匹配。解决知识需求与知识供给不对称的资源缺口问题，必须从知识需求和知识生成两种角度对中关村云计算产业联盟的知识共享过程进行分析，及时解决知识资源匹配问题，从而弥补知识资源缺口。基于三种不同的知识云的资源缺口，其描述如图 6-4 所示。

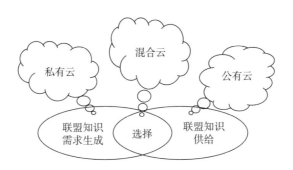

图 6-4 云计算产业联盟知识云资源缺口描述

当联盟成员知识需求度不等于联盟知识供给时，则容易造成知识的需求过度，或知识需求紧缺等问题，因此造成了知识资源的选择有缺陷。为解决中关村云计算产业联盟知识资源缺口问题，需要从联盟整体与联盟成员自身的知识获取、知识服务等角度出发进行解决。通过中关村云计算产业联盟知识地图可以确定优化现有的知识获取方式，从而弥补知识选择造成的资源缺口问题。在联盟知识地图中主要包含了知识资源层、知识本体层、知识表示层以及知识服务层，实现联盟知识共享过程中的高效率管理，优化现有的管理技术，从而改善知识共享体系。

6.2.3 中关村云计算产业联盟知识并行化处理

针对中关村云计算产业联盟知识共享所涉及的知识海量性、复杂性，本节主要通过并行化处理方式对代表性的知识资源进行知识获取操作可行性分析。本节分析过程中，所涉及的数据均来自于联盟官网、联盟成员企业官网、国家专利网以及问卷调查等。现选取联盟知识共享过程的 8 个知识资源数据集，分别计算数据集之间的相似度，如式（6-1）所示：

$$\text{sim}(d_i, d_j) = \cos\theta = \frac{\sum_{k=1}^{n} w_k(d_i) \times w_k(d_j)}{\sqrt{\left(\sum_{k=1}^{n} w_k^2(d_i)\right)\left(\sum_{k=1}^{n} w_k^2(d_j)\right)}} \tag{6-1}$$

当相关系数为 λ 时，若 $\text{sim}(d_i, d_j) \geqslant \lambda$，则 d_i 能够表示 d_j，记为 $\text{rep}_\lambda(d_i, d_j) = 1$，否则记为 $\text{rep}_\lambda(d_i, d_j) = 0$。对于参数笔者进行了实验并得到结果如图 6-5 至图 6-6 所示：

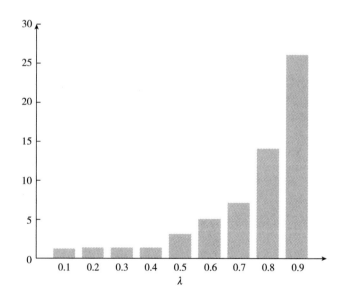

图 6-5　不同 λ 值下的提取结果规模

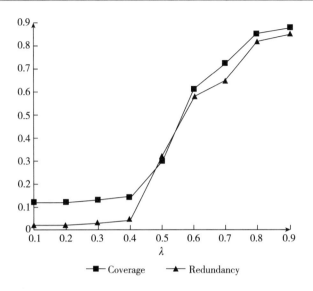

图 6-6 不同 λ 值的覆盖度和冗余度

假设原始知识数据集为 D =（d_1，d_2，d_3，…，d_n），相关系数用 λ 表示，表示数据集用 R 表示 R = ｛d_{r1}，d_{r2}，d_{r3}，…，d_{rk}｝，在原始知识数据集中寻找代表性数据集 R 需满足如式（6-2）约束：

$$\min |R|$$

$$\text{s. t.} \begin{cases} D_{r1}^{\lambda} \cup D_{r2}^{\lambda} \cup \cdots D_{rk}^{\lambda} = D \quad // \quad \text{Coveragceonstraint} \\ \min\left(\dfrac{\displaystyle\sum_{i=1}^{k-1}\left(\sum_{j=i+1}^{k} \text{sim}(d_{ri}, d_{rj})\right)}{|R| \times (|R| - 1)}\right) \quad // \quad \text{Redundanctonstraint} \end{cases} \quad (6-2)$$

计算知识数据代表集得票数，式（6-3）如下：

$$\text{vote}_i = \sum_{d_j \in D} \text{vote}_j^i \times \text{rep}_{\lambda}(d_i, d_j) = \sum_{d_j \in D} \text{rep}_{\lambda}(d_i, d_j)/n_j \quad (6-3)$$

给出测试数据集的相似性矩阵 M，如下所示：

$$
M = \begin{array}{c}
 & \begin{array}{cccccccc} d_1 & d_2 & d_3 & d_4 & d_5 & d_6 & d_7 & d_8 \end{array} \\
\begin{array}{c} d_1 \\ d_2 \\ d_3 \\ d_4 \\ d_5 \\ d_6 \\ d_7 \\ d_8 \end{array} &
\left[\begin{array}{cccccccc}
1.00 & 0.91 & 0.22 & 0.88 & 0.31 & 0.34 & 0.89 & 0.26 \\
0.91 & 1.00 & 0.26 & 0.88 & 0.93 & 0.29 & 0.92 & 0.34 \\
0.22 & 0.26 & 1.00 & 0.31 & 0.89 & 0.45 & 0.33 & 0.47 \\
0.88 & 0.88 & 0.31 & 1.00 & 0.25 & 0.23 & 0.95 & 0.29 \\
0.31 & 0.93 & 0.89 & 0.25 & 1.00 & 0.90 & 0.19 & 0.91 \\
0.34 & 0.26 & 0.45 & 0.23 & 0.90 & 1.00 & 0.37 & 0.47 \\
0.89 & 0.92 & 0.33 & 0.95 & 0.19 & 0.37 & 1.00 & 0.35 \\
0.26 & 0.34 & 0.47 & 0.29 & 0.94 & 0.47 & 0.35 & 1.00
\end{array}\right]
\end{array} \qquad (6-4)
$$

令代表性相关系数 $\lambda = 0.8$，在 0，1 标准化后，获得矩阵 M_λ，详细如式（6-5）所示：

$$
M_\lambda = \begin{array}{c}
 & \begin{array}{cccccccc} d_1 & d_2 & d_3 & d_4 & d_5 & d_6 & d_7 & d_8 \end{array} \\
\begin{array}{c} d_1 \\ d_2 \\ d_3 \\ d_4 \\ d_5 \\ d_6 \\ d_7 \\ d_8 \end{array} &
\left[\begin{array}{cccccccc}
1.00 & 1.00 & 0.00 & 1.00 & 0.00 & 0.00 & 1.00 & 0.00 \\
1.00 & 1.00 & 0.00 & 1.00 & 1.00 & 0.00 & 1.00 & 0.00 \\
0.00 & 0.00 & 1.00 & 0.00 & 1.00 & 0.00 & 0.00 & 0.00 \\
1.00 & 1.00 & 0.00 & 1.00 & 0.00 & 0.00 & 1.00 & 0.00 \\
0.00 & 1.00 & 1.00 & 0.00 & 1.00 & 1.00 & 0.00 & 1.00 \\
0.00 & 0.00 & 0.00 & 0.00 & 1.00 & 1.00 & 0.00 & 1.00 \\
1.00 & 1.00 & 0.00 & 1.00 & 0.00 & 0.00 & 1.00 & 0.00 \\
0.00 & 0.00 & 0.00 & 0.00 & 1.00 & 0.00 & 0.00 & 1.00
\end{array}\right]
\end{array} \qquad (6-5)
$$

由此，得到中关村云计算产业联盟知识资源数据代表集，如表6-1所示。

表6-1　代表数据集

代表数据集（λ）	Data object
D_1^λ	$\{d_1, d_2, d_4, d_7\}$
D_2^λ	$\{d_1, d_2, d_4, d_5, d_7\}$
D_3^λ	$\{d_3, d_5\}$
D_4^λ	$\{d_1, d_2, d_4, d_7\}$
D_5^λ	$\{d_2, d_3, d_5, d_6, d_8\}$

续表

代表数据集（λ）	Data object
D_6^λ	$\{d_5, d_6\}$
D_7^λ	$\{d_1, d_2, d_4, d_7\}$
D_8^λ	$\{d_5, d_8\}$

以下给出中关村云计算产业联盟并行化处理过程，详细步骤如下：

（1）数据预处理。根据 MapReduce 数据并行化处理的特点，以键值对 < key，value > 进行数据对构造，根据代表集进行数据处理，以 D_i^λ 中的数据 d_i 设置为 key，对应的数据则表示为 Value。经过预处理后的结果如表 6 - 2 所示。

表 6 - 2 数据预处理输出结果

输入	Key	Value
Map1	d_1	$\{d_1, d_2, d_4, d_7\}$
Map2	d_2	$\{d_1, d_2, d_4, d_5, d_7\}$
Map3	d_3	$\{d_3, d_5\}$
Map4	d_4	$\{d_1, d_2, d_4, d_7\}$
Map5	d_5	$\{d_2, d_3, d_5, d_6, d_8\}$
Map6	d_6	$\{d_5, d_6\}$
Map7	d_7	$\{d_1, d_2, d_4, d_7\}$
Map8	d_8	$\{d_5, d_8\}$

（2）Map 过程。经过预处理后，采用 MapReduce 进行 Map 操作，将代表集的数据计算放在 Map 端进行操作，而 Reduce 则需要将处理后的中间结合进行统计即可，大大地提高了知识资源计算的效率。处理后的结果如表 6 - 3 所示。

表 6 - 3 Map 操作处理结果

Map 过程	处理结果输出
Map1	$d_1 \to 1/4$；$d_2 \to 1/4$；$d_4 \to 1/4$；$d_7 \to 1/4$
Map2	$d_1 \to 1/5$；$d_2 \to 1/5$；$d_4 \to 1/5$；$d_5 \to 1/5$；$d_7 \to 1/5$
Map3	$d_3 \to 1/2$；$d_5 \to 1/2$
Map4	$d_1 \to 1/4$；$d_2 \to 1/4$；$d_4 \to 1/4$；$d_7 \to 1/4$

Map 过程	处理结果输出
Map5	$d_2 \to 1/5$；$d_3 \to 1/5$；$d_5 \to 1/5$；$d_6 \to 1/5$；$d_8 \to 1/5$
Map6	$d_5 \to 1/2$；$d_6 \to 1/2$
Map7	$d_1 \to 1/4$；$d_2 \to 1/4$；$d_4 \to 1/4$；$d_7 \to 1/4$
Map8	$d_5 \to 1/2$；$d_8 \to 1/2$

（3）Reduce 过程。根据步骤 2 中间结果进行统计，以多个 Reduce 过程对应 Map 过程进行对应操作，将不同的 Map 输出结构以对应 Key 的 Value 进行累加处理，从而得出代表数据集的总得票数，从而判定哪些代表性知识数据集在知识共享过程中的重要程度，例如，$D_5^{\wedge}$ 表示计算代表集，其结果如式（6-6）所示：

$$\text{vote}_5 = 1/5 + 1/2 + 1/5 + 1/2 + 1/2 = 1.9 \tag{6-6}$$

6.3 中关村云计算产业联盟云平台知识存储

6.3.1 中关村云计算产业联盟多维知识资源数据转换

为了验证本节提出的知识资源行列混合存储以及动态量化存储模式的应用可行性，对中关村云计算产业联盟进行多维知识资源数据转换，使获得的知识资源数据格式适用于两种不同的存储模式，现给出抽取的八个联盟成员数据存储格式，CBC 宽带资本与用友软件有限公司是 DB2 存储模式，百度在线网络技术有限公司和阿里巴巴是 Oracle 存储模式，中金数据系统有限公司和 TCL 集团是 SQL/MySQL 存储模式，中云网和中国联通是 HTML/XML 存储模式，依据第 4 章第 2 节中给出的知识资源多维度建模和非规则维度转换算法，将中关村云计算产业联盟成员的知识资源实现维度统一，去除知识资源不一致性，从而实现联盟知识资源多维转换。

设数据集 d 有六个维级别 A、B、C、D、E 和 All，其中 dom（A）= ｛a1，a2，a3｝，dom（B）= ｛b1，b2，b3｝，dom（C）= ｛c1，c2，c3｝，dom（E）= ｛e1，e2，e3｝。图 6-7 中（1）给出了云计算产业联盟成员知识资源数据集的维度结构，

图 6 – 7 中（2）给出了该集合的成员关系结构，根据知识资源多维知识资源转换算法得到转换结果如图 6 – 7 中（3）所示。

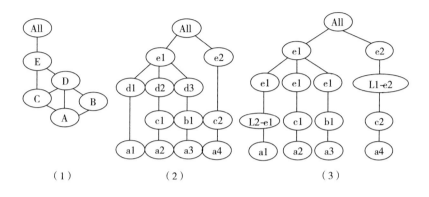

（1）　　　　　（2）　　　　　（3）

图 6 – 7　集合 D 的数据结构及转换后结构

为确定转换后的知识资源结果与原始数据维之间的聚集语义关系，本节将中关村云计算产业联盟中抽取的八个知识数据集载体进行地域说明，详细描述如图 6 – 8 所示，并按照知识特性以及知识存储组织环境维度来验证本节提出的知识资源数据转换算法的正确性，详细描述如图 6 – 8 所示。

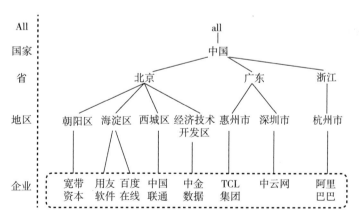

图 6 – 8　中关村云计算产业联盟知识转换地域描述

图 6 – 9 中企业与知识特性之间的关系是依照企业传统知识共享过程中，对知识资源的获取与使用程度而进行确定的，E→R 表示为显性知识（Explicit

Knowledge）转化为隐性知识（Recessive Knowledge），R→E 则表示为隐性转化为显性，组织环境维度中企业或组织配合度用 RD3：1 表示，合作开发影响度用 RD3：2 表示，个人知识共享意愿程度用 RD3：3 表示，知识再生与创新水平程度用 RD3：4 表示。根据以上中关村云计算产业联盟知识资源数据转换结构及描述，应用知识数据转换算法对联盟及其成员的知识资源进行转换操作时间与成员数量之间的对比分析，如图 6 – 10 所示。

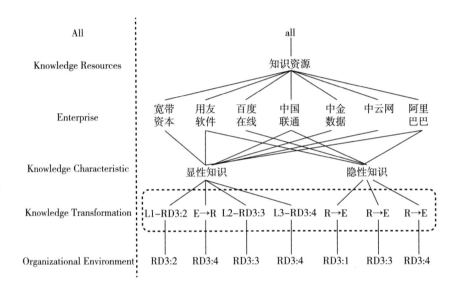

图 6 – 9 中关村云计算产业联盟知识数据转换描述

由图 6 – 10 可知，当成员数量相同时，维级别数量越多，联盟知识资源数据转换耗时越长；而维级别数量相同时，联盟成员数量越多，知识资源数据转换耗时越长。因此，为有效提高中关村云计算产业联盟知识资源数据转换率和知识资源利用率，则需要有效控制联盟知识共享维度以及联盟成员数量控制。

6.3.2 中关村云计算产业联盟行列混合知识存储模式

行列混合的知识存储模式主要用于处理显隐性知识并存问题，叠加式行列混合存储与页式行列混合存储的模式间的映像主要体现了中关村云计算产业联盟知识存储与知识表示之间的匹配程度。例如，联盟成员企业中科院与成员企业中国联通之间的业务往来，通过两种模式的交互对自身企业内部的知识进行提取融合

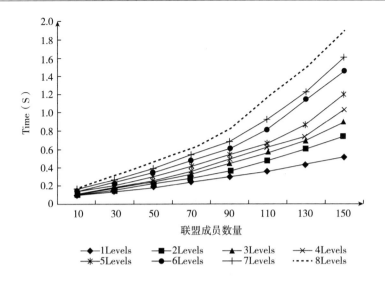

图6-10 中关村云计算产业联盟知识资源多维数据转换时间

后存储于联盟云平台提供的知识库中,并在集成后以更适用于多企业的知识给予资源支持。叠加式行列混合存储模式对于显性知识和隐性知识的处理,主要采用了显性知识编码,而对于隐性知识则采用先外显然后再进行知识编码,以行存储对信息资源进行存储,并通过知识提取算法对行存储信息资源进行提取,然后以列存储策略对提取的信息资源进行处理,并存储于联盟行列混合存储结构中。而页式行列混合存储则采用了HDFS信息处理结构,使大部分的隐性知识可以利用知识地图来进行专家定位,并从联盟获取访问权限。对于一些无法进行编码的知识,则采用知识存储策略,或通过联盟成员企业团队或组织进行专人管理与知识学习。以下给出中关村云计算产业联盟行列混合存储模式,如图6-11所示。

6.3.3 中关村云计算产业联盟动态量化知识存储模式

本节以中关村云计算产业联盟作为实例研究对象,进行知识存量测度方法的效果评估。数据来源主要包括中关村云计算产业联盟官网、中国知识产权网等网站,对于隐性知识的获取向成员企业个人或团队进行实际调研,进行整理。应用UCINET5.52软件进行数据分析,构建中关村云计算产业联盟知识网络结构,如图6-12所示。

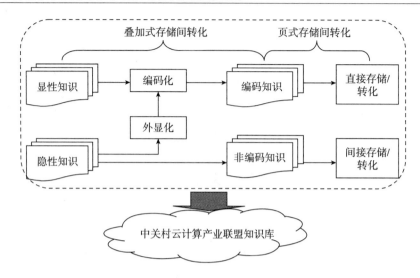

图6-11 中关村云计算产业联盟行列混合知识存储模式

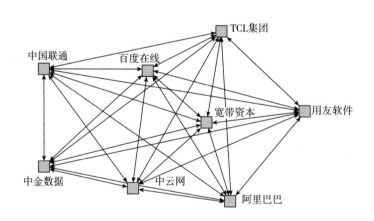

图6-12 中关村云计算产业联盟知识网络结构

中关村云计算产业联盟知识网络结构图主要依据联盟成员彼此之间相对于联盟整体的知识贡献度进行确定，依据知识贡献的知识数量给出了上述八家代表性企业。按照知识的类型对联盟成员进行分析，知识主要存储于联盟成员的企业文档、专利、个人头脑和团队协作能力（经验）等。本书以各个企业发表的专利、科研论文及初级问卷调查等方式对联盟成员的知识存量进行获取。根据本书提出的知识存量测度方法，基于知识网络图得到中关村云计算产业联盟知识存量的测度结果（见图6-13）。知识深度、知识广度与知识存量的计算过程均采用无量纲进行计算。

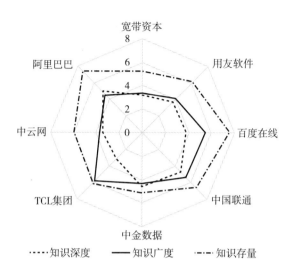

图 6 – 13 中关村云计算产业联盟知识测度

在中关村云计算产业联盟中，成员企业的自身知识存量水平有限，且不同类型的成员对联盟的知识贡献度不同，因此在进行知识存量测度之前必须对联盟进行动态激活操作。该操作首先对联盟成员的知识共享模型进行识别，从而确定知识类型与知识资源量。在人工智能管理信息系统的辅助下，结合知识资源提取优化算法对知识载体进行处理，将处理后的结果以知识地图的形式展现给联盟成员，为联盟成员确定其所需的关键性知识提供精准服务。在知识传递过程中，以技术人员为核心，将联盟内的科技进展与产业动态以不同的知识转化方式进行隐性与显性交替激活，从而实现联盟中知识资源的动态变化。对于联盟获取的知识资源采用知识解码、知识编码进行处理，从而提升联盟的知识存量水平。知识地图如图 6 – 14 所示。

知识资源层作为中关村云计算产业联盟知识地图的最底层，主要作用是通过联盟成员企业提供的知识资源，利用联盟现有的知识识别技术对基层各类知识进行区分与识别，从而确定获取的知识的来源和类别，为进一步的知识转化做前期处理。这些通常以文档、视频等形式存在的知识资源均具有一定的本体语义，且能够为中关村云计算产业联盟知识共享过程提供支撑作用。在知识转化层主要通过知识载体链接，促使知识元与知识本体之间的知识流动。利用已有的知识资源匹配器对获取的信息资源进行需求与供给匹配。基于映射规则将处理后的知识映射到可视化知识表示界面，为中关村云计算产业联盟的知识服务提供资源准备。在知识表示层，主要涉及知识索引和知识链接，联盟体通过知识链接将知识本体共享的知识进行整合，并利用知识索引来提高知识服务的效率，并将知识资源存储于中关村云计算产业联盟知识库，为联盟成员企业在知识搜索方面提供服务。

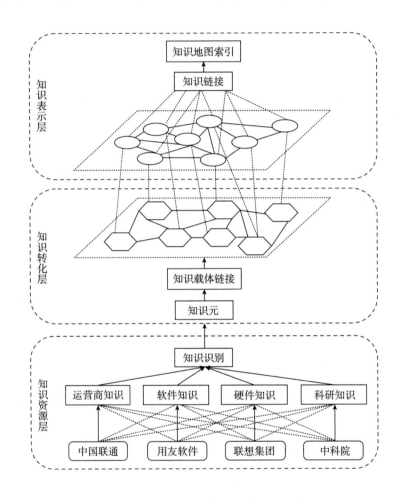

图 6 - 14　中关村云计算产业联盟知识地图

对本书提出的三种知识提取策略的提取效果进行对比分析，以隐性知识提取率作为主要对比项，当知识传播速度情况相同时，由于联盟成员自身的知识存量水平增加导致隐性知识提取率也在不断增加，三种类型的知识提取策略中主动型对隐性知识提取效果明显。此时，提高隐性知识显性化所需的技术水平和主体知识显性化所需的专业知识，以此来提高隐性知识显性化的准确程度。当联盟成员自身的知识存量水平相同时，隐性知识提取效率因知识传播速度的增加而有所提高，三种类型的知识提取策略中保守型知识提取效果明显。此时，一般采用信息技术和信息系统外包的形式来降低知识显性化成本，并建立人力资源知识库，形成组织知识地图，从而提高知识传播效率。当知识存量水平和知识传播速度均不同时，沉默型知识提取策略效果明显。此时，应完善现有的组织学习机制来充分挖掘知识主体头脑中的隐性知识，并建立组织的激励机制，保证知识的转化和共享。

由于中关村云计算产业联盟知识服务水平受到联盟整体及成员数量的影响，成员的共享意愿与合作意愿的变动都会影响到联盟整体的知识服务水平。因此，本节在利用知识存量动态量化来对联盟成员的知识资源进行衡量，并基于行列混合存储构建了适用于中关村云计算产业联盟的知识资源存储系统，详细结构描述如图 6－15 所示。

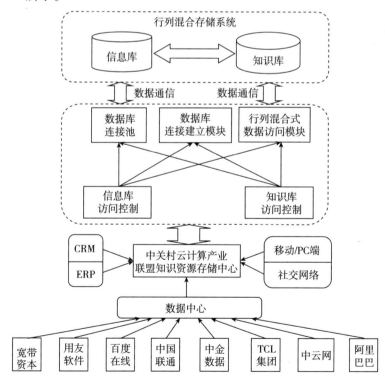

图 6－15　中关村云计算产业联盟知识资源数据存储

6.4 中关村云计算产业联盟云平台知识服务

6.4.1 中关村云计算产业联盟知识服务模式

知识服务模式对于中关村云计算产业联盟知识共享过程起到了重要作用，从知识的服务角度可以看出，中关村云计算产业联盟的知识服务具有全程服务、专业化服务和团队化服务模式，能够为联盟成员企业或用户提供一体化的服务流程，也为成员企业按照个性需求提供专业化的对口服务，通过联盟整体的知识服务层人员的共同努力，提升联盟成员企业在知识服务过程中的满意度，运用知识领域专家团队为相关企业提出的知识需求或知识型问题进行解答。

随着知识经济时代的发展，网络信息化使中关村云计算产业联盟的知识网络在进行知识共享过程中的生命周期不断缩短，大量的"垃圾"信息影响知识共享效果，越来越多的联盟成员企业从联盟内部对需求知识的检索变得更加困难。因此，对传统的知识共享模式进行改进有利于联盟成员提高知识获取的效率。本节基于生命周期理论给出中关村云计算产业联盟知识服务模式运行原理图，如图6-16所示，通过不同的核心动力来促进中关村云计算产业联盟获取高效的知识服务模式，能够促进更多的知识型企业加入到本联盟，从而也能增加联盟自身的知识存量，以至于提升联盟在市场竞争中的地位。

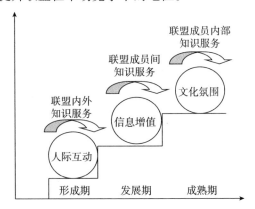

图6-16 中关村云计算产业联盟知识服务运行原理

6.4.1.1　联盟混合知识服务模式

该模式是中关村云计算产业联盟进行知识共享的基础模式，其不受人数、参与企业或机构、"自然资源"的影响，而适用于大部分的知识型企业，且该模式在知识经济时代已经成为了大数据知识型企业选择提升自身知识存量水平的首要知识服务方式，其更容易促进多方企业之间的合作，以专业化且具有针对性的知识服务模式能够在联盟进行知识共享活动中挖掘出更多新型的知识资源。因此，联盟必须采取协同策略使得更多的企业参与到知识共享过程中，以协同获取、协同存储与协同服务的方式来满足更多企业的知识需求。此时，中关村云计算产业联盟云平台在资源、人员的合理分配方面变得更为重要，其决定了联盟是否能为成员企业提供更为快捷和优质的服务。中关村云计算产业联盟混合知识服务模式如图 6 - 17 所示。

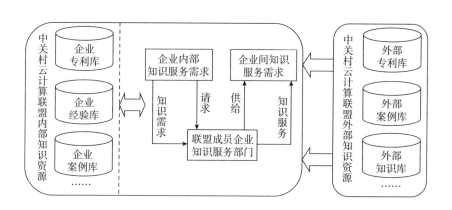

图 6 - 17　中关村云计算产业联盟混合知识服务模式

6.4.1.2　联盟成员间知识服务模式

本节在对中关村云计算产业联盟成员间知识服务模式研究过程中，主要从知识资源的采集、知识资源的存储和知识资源的服务三方面进行研究。中关村云计算产业联盟成员间知识服务模式如图 6 - 18 所示。知识资源的采集是指联盟成员企业根据用户提出的需求向联盟提交知识资源请求，并确定联盟体与企业间的知识缺口后，从自身企业内部进行知识资源的整理，进行知识筛选，对于缺少的知识则需要从成员企业外部进行获取，此过程必须以系统化和网络化的方式来提升知识采集效率，且存储采集的知识在处理过程中应避免知识资源的浪费，从而提高企业的知识服务质量。而对于知识服务过程中的知识资源的存储则是联盟成员为适应成员间知识服务模式而提出的一种渐变式的知识存储，主要涉及显隐性知识的转化与存储，将来对知识资源库的信息和知识进行处理与存储。对于知识服务则是联盟成员企业对存储的新知识进行利用的方式，其主要包括新的专利申报、技术开发与培训等。对于联盟内部的专家咨询库主要包含了知识领域相关专家的基本信息，成员企业在获取相应权限后可以在中关村云计算产业联盟云平台上进行访问并查询专家知识库，从而寻找解决问题的对应专家，并获取解决知识资源相关问题的解决建议。对于市场信息知识库，需要中关村云计算产业联盟根据云计算应用市场进行实时知识的采集与更新现有的知识库，从而解决成员企业面对市场客户信息了解不充分、市场需求了解不及时造成的知识资源利用滞后问题。在中关村云计算产业联盟知识服务过程中，技术引进是决定联盟及联盟成员企业的知识创新性的主要因素，通过投入大量的资金进行人才的引进、新技术的引进可以改善企业现有的知识和技术的构造。获取竞争对手现今的市场需求的分析，根据竞争对手做出的决策可以判定市场趋势，从而应用自身企业获取的知识进行知识再创新，创造出适合多变市场的新型产品。

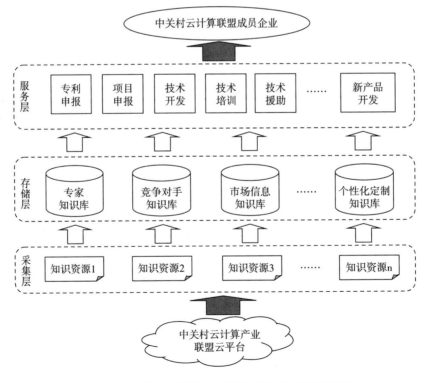

图 6-18　中关村云计算产业联盟成员间知识服务模式

6.4.1.3 联盟成员内部知识服务模式

该模式在中关村云计算产业联盟知识服务过程中主要解决的是专业知识的问题，中关村云计算产业联盟内部知识服务模式如图 6-19 所示。对存储于人脑中的隐性知识，以及专业人员的工作经验、专业技巧等获取，导致中关村云计算产业联盟云平台的知识服务必须与关键性的专家进行合作，且合作过程中必须建立敏捷化、高效化的知识资源处理模式，以知识学习模式为主要实现方式，弥补联盟成员企业之间的知识势差，并以个性化的学习路径作为知识服务水平的提升策略，联盟与各大科研机构以及高校专业人员进行合作，在知识资源处理方面与专家进行密切联系，从而获取专业性的建议，促进中关村云计算产业联盟知识共享活动的运行。

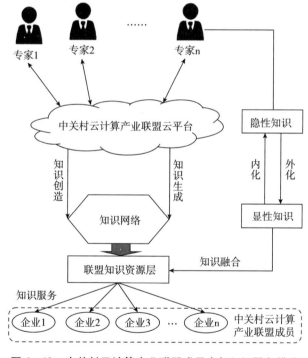

图 6-19 中关村云计算产业联盟成员内部知识服务模式

6.4.2 中关村云计算产业联盟知识服务水平评价指标数据处理

6.4.2.1 数据获取

由于 AHP 的使用造成了数据获取的误差，使知识服务水平评价结果的正确性受到一定程度的干扰，因此，为纠正其错误导向需以正规数据资料为研究基础，通过对中关村云计算产业联盟官网、专利网、各联盟成员的企业官网、信息服务网站、科研查询网站、企业年度报告或研究报告等相结合来进行数据分析，对于一些历史数据可以采用统计年鉴来进行获取。

6.4.2.2 数据缺失值处理

由于中关村云计算产业联盟成员的领域多样特性，造成知识服务与获取壁垒，产生了一些相关数据无法获取的现象发生。为解决数据缺失问题，本书按照实证需求，以线性内插和指数内插两种方法来推算出缺失数据，从而弥补知识服务水平评价数据获取的不足。线性内插如式（6－7）所示，指数内插如式（6－8）所示。

$$\tilde{x}_{t+1} = \frac{x_t + x_{t+2}}{2} \tag{6-7}$$

$$\tilde{x}_{t+1} = \sqrt{x_t x_{t+2}} \tag{6-8}$$

其中，t、t＋1 和 t＋2 表示等间隔时间，t 时间的数据值用 x_t 表示，t＋2 时间的数据值用 x_{t+2} 表示。在研究中关村云计算产业联盟知识服务水平过程中，如果研究的时间序列为线性则采用线性内插法，如果是时间序列为指数增长则采用指数内插法，本书主要针对定量指标进行缺失值处理，以弥补官方数据的不完善弊端，经过缺失值处理后的知识资源数据描述统计如表6－4所示。

表6－4　各级指标数据描述性统计特征

指标	极大值	极小值	均值	标准差
信息系统的投资额（亿元）	8.9	0.05	0.34	0.54
知识人才开发指数（%）	0.45	0.1	0.25	0.05
知识社区组织数目（个）	36	6	18	12
知识流动性（%）	0.45	0.1	0.25	0.05
计算机网络硬件维护度（%）	0.762	0.138	0.543	0.107
网络信息资源（%）	0.843	0.234	0.632	0.159
信息化程度（%）	0.943	0.276	0.681	0.167
网络联结程度（%）	0.576	0.098	0.376	0.087
知识网络密度（%）	0.674	0.107	0.438	0.135

6.4.2.3 指标权重确定

根据 5.5.2 中给出的各级指标权重确定的方法进行确定，为确定指标权重值，在已有官方数据研究与统计的基础上，采用问卷调查的方式进行专家意见统计，详细问卷描述见附录，将设计好的问卷发放给知识服务领域中较为权威的 5 位专家或学者，按照李克特量表法进行重要性打分。依照知识服务指标体系对中关村云计算产业联盟成员八家企业共发放 100 份调查问卷，收回问卷 92 份，经统计有效问卷 91 份，有效率达到 91%，根据这八家企业的调查情况进行相应知识服务水平分析。

本书根据调查问卷的专家打分判断值的平均值作为矩阵数据，给出各级指标的两两判断矩阵如表 6-5 至表 6-10 所示：

表 6-5　一级指标两两判断矩阵

知识服务水平 X	知识服务态度 X_1	知识服务行为 X_2	知识服务环境 X_3	知识特性 X_4	技术特性 X_5
知识服务态度 X_1	1	1/2	4	3	3
知识服务行为 X_2	2	1	7	5	5
知识服务环境 X_3	1/4	1/7	1	1/2	1/3
知识特性 X_4	1/3	1/5	2	1	1
技术特性 X_5	1/3	1/5	3	1	1

表 6-6　知识服务态度二级指标两两判断矩阵

知识服务态度 X_1	个体知识服务意愿 X_{11}	企业间知识沟通表达度 X_{12}	团队知识服务氛围 X_{13}	团队协作精神 X_{14}	风险感知态度 X_{15}
个体知识服务意愿 X_{11}	1	1/3	8	3	3
企业间知识沟通表达度 X_{12}	3	1	9	3	3
团队知识服务氛围 X_{13}	1/8	1/9	1	1/6	1/5
团队协作精神 X_{14}	1/3	1/3	6	1	1/3
风险感知态度 X_{15}	1/3	1/3	5	3	1

表6-7　知识服务行为二级指标两两判断矩阵

知识服务 行为 X_2	寻求知识 主动性 X_{21}	知识传播 度 X_{22}	服务途径 完善程度 X_{23}	激励方式与个体 需求吻合度 X_{24}
寻求知识主动性 X_{21}	1	7	5	5
知识传播度 X_{22}	1/7	1	1/3	1/5
服务途径完善程度 X_{23}	1/5	3	1	1/3
激励方式与个体需求吻合 度 X_{24}	1/5	5	3	1

表6-8　知识服务环境二级指标两两判断矩阵

知识服务 环境 X_3	信息系统 的投资额 X_{31}	知识创新 程度 X_{32}	知识人才 开发指数 X_{33}	知识社区 组织数目 X_{34}
信息系统的投资额 X_{31}	1	1/7	1/3	1/5
知识创新程度 X_{32}	7	1	5	3
知识人才开发指数 X_{33}	3	1/5	1	1/5
知识社区组织数目 X_{34}	5	1/3	5	1

表6-9　知识特性二级指标两两判断矩阵

知识特性 X_4	知识的时 效性 X_{41}	编码化的 难易程度 X_{42}	所共享知识的 唯一性程度 X_{43}	知识流动性 X_{44}
知识的时效性 X_{41}	1	2	3	5
编码化的难易程度 X_{42}	1/2	1	2	3
所共享知识的唯一性程度 X_{43}	1/3	1/2	1	3
知识流动性 X_{44}	1/5	1/3	1/3	1

表6-10　技术特性二级指标两两判断矩阵

技术特性 X_5	计算机网络技 术维护度 X_{51}	网络信息 资源 X_{52}	信息化程度 X_{53}	网络联结 程度 X_{54}	知识网络 密度 X_{55}
计算机网络技术维护度 X_{51}	1	2	1/5	2	1/2
网络信息资源 X_{52}	1/2	1	1/3	1	1/3
信息化程度 X_{53}	5	3	1	3	2
网络联结程度 X_{54}	1/2	1	1/3	1	1/3
知识网络密度 X_{55}	2	3	1/2	3	1

根据各级指标两两判断矩阵计算各级指标权重，并进行一致性检验，详细描述如式（6-9）所示：

$$X = \begin{bmatrix} 1 & 1/2 & 4 & 3 & 3 \\ 2 & 1 & 7 & 5 & 5 \\ 1/4 & 1/7 & 1 & 1/2 & 1/3 \\ 1/3 & 1/5 & 2 & 1 & 1 \\ 1/3 & 1/5 & 3 & 1 & 1 \end{bmatrix} \qquad (6-9)$$

根据 5.5.2 提出的知识服务指标权重计算公式确定其权重向量为：$w =$ (0.2636，0.4758，0.0538，0.0981，0.1087)，且根据一致性检验步骤算得 $CR = 0.0162$，满足一致性检验，同理对各级指标进行权重计算和一致性检验。

$$X_1 = \begin{bmatrix} 1 & 1/3 & 8 & 3 & 3 \\ 3 & 1 & 9 & 3 & 3 \\ 1/8 & 1/9 & 1 & 1/6 & 1/5 \\ 1/3 & 1/3 & 6 & 1 & 1/3 \\ 1/3 & 1/3 & 5 & 3 & 1 \end{bmatrix},\ 权重向量为\ w_1 = \begin{pmatrix} 0.2712 \\ 0.4309 \\ 0.0301 \\ 0.1069 \\ 0.1610 \end{pmatrix}^T,\ CR = 0.0857 < 0.1$$

$$X_2 = \begin{bmatrix} 1 & 7 & 5 & 5 \\ 1/7 & 1 & 1/3 & 1/5 \\ 1/5 & 3 & 1 & 1/3 \\ 1/5 & 5 & 3 & 1 \end{bmatrix},\ 权重向量为\ w_2 = \begin{pmatrix} 0.6194 \\ 0.0521 \\ 0.1090 \\ 0.2195 \end{pmatrix}^T,\ CR = 0.0898 < 0.1$$

$$X_3 = \begin{bmatrix} 1 & 1/7 & 1/3 & 1/5 \\ 7 & 1 & 5 & 3 \\ 3 & 1/5 & 1 & 1/5 \\ 5 & 1/3 & 5 & 1 \end{bmatrix},\ 权重向量为\ w_3 = \begin{pmatrix} 0.0532 \\ 0.5485 \\ 0.1018 \\ 0.2966 \end{pmatrix}^T,\ CR = 0.0852 < 0.1$$

$$X_4 = \begin{bmatrix} 1 & 2 & 3 & 5 \\ 1/2 & 1 & 2 & 3 \\ 1/3 & 1/2 & 1 & 3 \\ 1/5 & 1/3 & 1/3 & 1 \end{bmatrix},\ 权重向量为\ w_4 = \begin{pmatrix} 0.4768 \\ 0.2696 \\ 0.1740 \\ 0.0795 \end{pmatrix}^T,\ CR = 0.0222 < 0.1$$

$$X_5 = \begin{bmatrix} 1 & 2 & 1/5 & 2 & 1/2 \\ 1/2 & 1 & 1/3 & 1 & 1/3 \\ 5 & 3 & 1 & 3 & 2 \\ 1/2 & 1 & 1/3 & 1 & 1/3 \\ 2 & 3 & 1/2 & 3 & 1 \end{bmatrix}, \text{权重向量为 } w_5 = \begin{pmatrix} 0.1398 \\ 0.0930 \\ 0.4225 \\ 0.0930 \\ 0.2517 \end{pmatrix}^T, CR = 0.0376 < 0.1$$

综上所述，每个指标均满足一致性检验。

6.4.3 中关村云计算产业联盟知识服务水平评价结果分析

本节选取八家联盟成员作为问卷调查对象，并对中关村云计算产业联盟（M）进行了相应知识服务调查，具体回复对象包括科研主管、知识管理负责人、人力资源主管等，每个对象共发放 50 份，有效问卷回收均超过 40 份，对有效问卷进行整理与分析，得到 M 的评价矩阵如式（6－10）所示：

$$R_{M1} = \begin{pmatrix} 0.07 & 0.13 & 0.00 & 0.23 & 0.14 & 0.10 & 0.00 & 0.00 \\ 0.32 & 0.07 & 0.00 & 0.26 & 0.20 & 0.12 & 0.07 & 0.07 \\ 0.27 & 0.32 & 0.17 & 0.32 & 0.33 & 0.28 & 0.30 & 0.25 \\ 0.44 & 0.15 & 0.32 & 0.37 & 0.42 & 0.32 & 0.30 & 0.30 \\ 0.67 & 0.57 & 0.67 & 0.65 & 0.66 & 0.60 & 0.70 & 0.65 \end{pmatrix}$$

$$R_{M2} = \begin{pmatrix} 0.56 & 0.72 & 0.42 & 0.62 & 0.76 & 0.76 & 0.65 & 0.76 \\ 0.45 & 0.31 & 0.31 & 0.31 & 0.00 & 0.00 & 0.30 & 0.00 \\ 0.37 & 0.56 & 0.50 & 0.52 & 0.48 & 0.42 & 0.40 & 0.00 \\ 0.42 & 0.50 & 0.52 & 0.48 & 0.00 & 0.37 & 0.36 & 0.33 \end{pmatrix}$$

$$R_{M3} = \begin{pmatrix} 0.37 & 0.13 & 0.42 & 0.32 & 0.17 & 0.00 & 0.13 & 0.00 \\ 0.32 & 0.42 & 0.33 & 0.40 & 0.18 & 0.00 & 0.17 & 0.10 \\ 0.46 & 0.52 & 0.43 & 0.52 & 0.38 & 0.62 & 0.37 & 0.29 \\ 0.21 & 0.25 & 0.39 & 0.38 & 0.46 & 0.27 & 0.28 & 0.46 \end{pmatrix} \quad (6-10)$$

$$R_{M4} = \begin{pmatrix} 0.65 & 0.58 & 0.60 & 0.60 & 0.54 & 0.27 & 0.58 & 0.30 \\ 0.32 & 0.27 & 0.30 & 0.46 & 0.32 & 0.30 & 0.39 & 0.13 \\ 0.17 & 0.46 & 0.32 & 0.30 & 0.28 & 0.00 & 0.00 & 0.33 \\ 0.27 & 0.16 & 0.52 & 0.32 & 0.27 & 0.16 & 0.13 & 0.00 \end{pmatrix}$$

$$R_{M5} = \begin{pmatrix} 0.17 & 0.13 & 0.20 & 0.32 & 0.00 & 0.27 & 0.00 & 0.00 \\ 0.16 & 0.17 & 0.29 & 0.30 & 0.10 & 0.28 & 0.00 & 0.13 \\ 0.26 & 0.10 & 0.33 & 0.40 & 0.56 & 0.33 & 0.13 & 0.47 \\ 0.25 & 0.29 & 0.13 & 0.35 & 0.47 & 0.20 & 0.38 & 0.32 \\ 0.37 & 0.42 & 0.38 & 0.15 & 0.13 & 0.40 & 0.56 & 0.17 \end{pmatrix}$$

利用公式 $F = W \circ R$ 计算单因素综合评价值:

$F_{M1} = w_1 \circ R_{M1} = (0.3199, 0.1829, 0.1472, 0.3282, 0.2852, 0.2181, 0.1840, 0.1744)$

$F_{M2} = w_2 \circ R_{M2} = (0.7138, 0.7783, 0.5903, 0.7076, 0.5231, 0.6039, 0.6815, 0.5432)$

$F_{M3} = w_3 \circ R_{M3} = (0.3043, 0.3644, 0.3628, 0.4021, 0.2829, 0.1432, 0.2209, 0.2208)$

$F_{M4} = w_4 \circ R_{M4} = (0.4472, 0.4421, 0.4640, 0.4877, 0.4139, 0.2223, 0.3920, 0.2355)$

$F_{M5} = w_5 \circ R_{M5} = (0.2649, 0.2089, 0.3021, 0.3119, 0.3223, 0.3225, 0.2312, 0.2832)$

由此可以得到中关村云计算产业联盟知识服务水平综合评价矩阵 F_M:

$$F_M = \begin{bmatrix} F_{M1} \\ F_{M2} \\ F_{M3} \\ F_{M4} \\ F_{M5} \end{bmatrix} =$$

$$\begin{bmatrix} 0.3199 & 0.1829 & 0.1472 & 0.3282 & 0.2852 & 0.2181 & 0.1840 & 0.1744 \\ 0.7138 & 0.7783 & 0.5903 & 0.7076 & 0.5231 & 0.6039 & 0.6815 & 0.5432 \\ 0.3043 & 0.3644 & 0.3628 & 0.4021 & 0.2829 & 0.1432 & 0.2209 & 0.2208 \\ 0.4472 & 0.4421 & 0.4640 & 0.4877 & 0.4139 & 0.2223 & 0.3920 & 0.2355 \\ 0.2649 & 0.2089 & 0.3021 & 0.3119 & 0.3223 & 0.3225 & 0.2312 & 0.2832 \end{bmatrix}$$

根据以上计算可得隶属度矩阵 T_M:

$T_M = w \circ F_M = (0.2636, 0.4758, 0.0538, 0.0981, 0.1087) \circ F_M =$

$[0.5130, 0.5042, 0.4175, 0.5266, 0.4149, 0.4094, 0.4482, 0.3702]$

给出云计算产业联盟知识服务程度评语集 $V = \{V_1，V_2，V_3，V_4，V_5\}$，分别代表知识服务水平很高、较高、一般、较低、很低，并每个评语赋值 $5 \sim 1$，采用加权平均法确定中关村云计算产业联盟知识服务综合评价值：

$$Z_M = \frac{5 \times 0.513 + 4 \times 0.504 + 3 \times 0.418 + 3 \times 0.527 + 2 \times 0.415 + 2 \times 0.405 + 1 \times 0.448 + 1 \times 0.37}{0.513 + 0.504 + 0.418 + 0.527 + 0.415 + 0.405 + 0.448 + 0.37} = 2.743$$

根据评价值来判定中关村云计算产业联盟知识服务水平处于较低水平，接近于一般水平。由此，可以判定中关村云计算产业联盟内部服务体系不完善，联盟成员对知识服务行为和态度的重视程度较低。

6.5　中关村云计算产业联盟知识共享效果提升策略

6.5.1　建立和完善联盟知识共享机制

为改善中关村云计算产业联盟知识共享现状，应着重改善现有的知识共享系统。联盟知识获取、存储与服务等行为均是对联盟成员所涉及的知识本身进行的操作。因此，为加强联盟成员的知识共享水平，提高知识资源利用率，应充分发挥知识资源最大效用，以并行化知识资源数据处理方式来对其进行处理与加工，从而改善知识寻找的弊端，提高知识学习效率。联盟成员对隐性知识显性化则需要依据多维知识资源数据建模方式对隐性知识进行选择性的显化操作，对隐性知识进行分类、整合与挖掘，并根据行列混合存储与动态量化的方式进行知识标准化、规范化，为联盟知识存储提供支撑。通过分析中关村云计算产业联盟的知识共享过程以及知识资源利用情况，将三种知识服务模式进行综合运用能够最大程度地提高联盟成员对知识的获取与吸收能力，从而降低联盟成员的知识共享成本，提高市场竞争能力。

联盟为消除知识获取、存储以及服务的障碍，在整体知识共享过程中建立稳定的知识共享机制以及联盟成员间的知识合作信任机制。为保证联盟成员自愿参与度，需在成员加入联盟之前，提出相应的规定与准则，这是保障联盟内的知识资源不被外泄的一种基本措施；在联盟成员合作过程中，应充分服务合作经验、基础知识等，并及时总结合作效果，确定阶段性的知识合作成果，为下一阶段的合作做出效果预测；在联盟成员间需要构建高效的信息交流渠道，优化现有的沟通方式，降低联盟成员间合作的时间繁杂度，并提高联盟成员合作过程中知识获取与应用的行为透明度，从而增强知识合作信任，当面临知识获取附加值大于核心知识产权时，联盟体有权提升企业核心竞争力来保护其核心价值，并平衡合作双方的利益。

6.5.2 营造适合联盟云平台知识共享运营环境

联盟知识共享效果的客观因素即为环境，因此营造一个适合联盟知识共享平台高效运转的环境成为了中关村云计算产业联盟重要任务，为营造这个环境，应主要在联盟的文化、组织结构等方面采取措施。

6.5.2.1 统一的联盟知识共享文化环境

联盟知识共享文化是联盟成员以及成员企业内部员工进行知识资源利用的行为准则，也是联盟进行知识共享绩效评定的准则。在中关村云计算产业联盟中涉及的成员企业和组织来自不同的区域，造成了联盟文化由不同的民族、不同的地域、不同的文化程度所组成，为有效解决联盟成员间或成员企业内部知识共享矛盾问题。联盟成员只有在统一的知识共享文化环境下才能不断地、规范化地、高效地进行知识获取、知识存储、知识转化和服务，从而加强联盟成员间的信任，同时也加强成员企业内部员工之间的合作信任，提高了知识共享的有效性。

6.5.2.2 灵活的联盟知识共享组织结构环境

联盟整体与联盟成员内部拥有规范化、扁平化的组织结构能够大大提高知识获取效率以及提高知识共享水平。传统的组织结构以"金字塔式"居多，该种结构方式造成了联盟管理层次较多，使得知识传递逐级弱化。根据信息传播理论，当传统中介越多，经过参与者加工处理后的知识信息则被改动的可能性较大。因此，为了避免这种错误现象的发生，采用扁平化的组织结构方式能够最大程度地营造一种全民参与的环境，实现知识共享权力分散化、公平化，大大促进联盟成员间的直接交流，为提升联盟成员合作价值提供保障。

6.5.2.3 专业的联盟知识共享技术环境

整个联盟云平台运营环境是基于信息化技术才能够实施的。因此，构建一个云计算产业联盟知识共享信息系统是提高联盟知识共享水平的必要措施。联盟成员从其企业性质、企业发展方向、企业构成以及企业知识共享水平等角度进行分析，为提高联盟整体的知识共享水平构建一个交互性强的联盟知识网络，实现联盟内的知识动态流动，以不同的知识势差来促进知识的动态转化，从而改善现有的知识共享环境。知识共享技术环境通常涉及知识获取技术、知识转化技术、知识存储技术和知识服务技术等，利用统计学与计算机科学等来优化以上知识共享技术能够在最大程度上提高知识共享效率，为营造一个适合联盟进行知识交流与学习，知识积累与创新，对知识进行搜集与分类而建立改进的联盟知识库，将隐性知识进行部分显性化进行存储，部分难以显性化的则在联盟体实际操作过程中进行体现，对于显性知识则以结构化进行存储，从而实现联盟知识资源的存储与共享集中化，提高联盟整体的知识流动率，提高联盟成员的知识获取和创新效率。

6.5.2.4 健全的联盟知识创新激励机制

在联盟知识共享的过程中必须以激励机制作为辅助工具才能实现知识资源利用最大化。激励通常是以激发人、诱导人发挥其潜在作用的一种方式。联盟的最小单元是以人为主体的。因此，完全符合激励的特性。提升联盟整体和联盟成员的知识创新能力，必须对人员给予一定的激励。如通过增薪，改善福利待遇、优化现有的职位晋升制度等方式，这些都能够使得更多的人在参与联盟成员间的合作过程中，共享更多的隐性知识，从而实现成员企业的知识存量水平的增加。良好的联盟知识共享激励机制能够增加人们对知识获取与共享的积极性，从而改善人们对知识吸收与创新的想法和能力。由此可以看出，构建一个健全的知识创新激励机制能够促进成员企业的核心竞争力的增加，从而提高联盟间的知识资源的交流与运用效率，使得知识资源在成员间的转化更为流畅。

6.6 本章小结

本章以中关村云计算产业联盟为实证研究对象，通过联盟知识获取、知识存储以及知识服务三个方面的方法应用充分分析了中关村云计算产业联盟现阶段的知识共享情况，并确定联盟及其成员未来提升知识共享水平的改进策略。以上三方面的实验研究证明了研究方法的应用可行性，结果表明本章提出的知识获取、知识存储以及知识服务模式在实际应用分析中具有可操作性。

结　论

本书针对云计算、产业联盟、云计算产业联盟知识共享以及知识共享平台进行国内外研究现状分析，在云计算产业联盟特征及知识分类、知识共享机理、知识需求以及知识处理流程分析的基础上，揭示了基于复杂网络及生态位理论的云计算产业联盟知识资源共享机理。利用多维知识资源数据建模技术提出行列混合存储以及动态量化的知识资源存储模式，针对云计算产业联盟知识异质性、知识管理制度差异性以及知识服务信息不对称等障碍提出三种服务模式，并进行了知识服务水平评价。最后，以中关村云计算产业联盟作为实证研究对象，对本书提出的知识获取、知识存储以及知识服务模式进行验证。本书创新性研究成果如下：

（1）揭示了云计算产业联盟知识共享机理，确定联盟知识处理三个流程。结合知识需求，运用复杂网络理论以及生态位等理论分析知识共享平台应用及整体功能架构。

（2）提出了三种知识获取模式，即内部知识获取模式、外部知识获取模式和混合知识获取模式。通过分析云计算产业联盟知识资源类型、知识来源、获取方式、存储策略等，为提高知识获取、存储与共享的效率，在大数据背景下，借助云技术的高可靠性、高可扩展性和通用性特征，有效利用分布式计算的特点对云计算产业联盟的知识进行获取。

（3）构建了基于联机分析处理的云计算产业联盟知识存储多维数据模型，对不同的知识存储对象能够分析其维数据，对非规则性知识资源数据进行非规则维知识转换。

（4）设计了行列混合存储及动态量化的知识存储模式。本书给出行列混合存储的知识资源存储模式，可以根据数据访问特点有针对性地改变数据存储结构，将混合存储技术与云计算中的并行处理机制整合到统一的数据处理框架中，可以极大地提高知识库扩展性能。

（5）设计了适用于不同知识类型及知识需求对象的知识服务模式。本书按照知识需求主体及知识类型，提出了三种知识服务模式，一方面能够解决不同知识共享环境下对知识资源服务的要求，另一方面也能够满足联盟体及联盟成员优化现有的知识管理体系，增加自身的知识存量。

本书对云计算产业联盟云平台共享模式的研究取得一定的进展，从知识获取、知识存储和知识服务角度对云计算产业联盟云平台知识共享模式进行研究，针对不同角度得出一些具有应用价值的成果，但仍有问题需要在以后的学术研究中进一步深入研究：知识服务后的知识反馈环节及其对知识共享效果的影响等，未来学术研究工作中将对这些问题进行更加深入的研究。

附　录

中关村云计算产业联盟知识服务评价指标及权重调查

尊敬的先生/女士:

您好, 感谢您能够抽出宝贵时间来参与本次问卷调查。本人承诺: 本次获取的调研数据仅用于论文撰写, 绝无商业用途, 且不会恶意诋毁或传播, 感谢您的支持。

(1) 您的职称: A. 高级工程师　B. 中级工程师　C. 初级工程师

(2) 您的学历: A. 博士后　B. 博士　C. 硕士　D. 学士

(3) 您对联盟知识服务优点的了解程度: A. 很了解　B. 一般　C. 不了解

(4) 您是否参与知识服务相关工作: A. 是　B. 否

(5) 请您根据对知识服务相关工作的了解给一下指标进行重要性打分:

评价指标相对重要程度是为了效果评估确定指标权重, 基于指标判断尺度给出相应的重要性程度。

问卷

标度	含　义
1	指标 A 与指标 B 比较, 表示指标 A 比指标 B 具有相同重要性
3	指标 A 与指标 B 比较, 表示指标 A 比指标 B 稍微重要
5	指标 A 与指标 B 比较, 表示指标 A 比指标 B 明显重要

续表

标度	含　义
7	指标 A 与指标 B 比较，表示指标 A 比指标 B 强力重要
9	指标 A 与指标 B 比较，表示指标 A 比指标 B 极端重要
2, 4, 6, 8	表示为上述相邻判断的中间值
倒数	如果指标 A 与指标 B 的重要程度之比为 C_{ij}，则指标 B 与指标 A 的重要程度之比为 $1/C_{ji}$

请您给中关村云计算产业联盟知识服务水平评价指标重要性程度判断：

一级指标

知识服务水平	知识服务态度	知识服务行为	知识服务环境	知识特性	技术特性
知识服务态度					
知识服务行为					
知识服务环境					
知识特性					
技术特性					

二级指标

知识服务态度	个体知识服务意愿	企业间知识沟通表达	团队知识服务氛围	团队协作精神	风险感知态度
个体知识服务意愿					
企业间知识沟通表达					
团队知识服务氛围					
团队协作精神					
风险感知态度					

二级指标

知识服务行为	寻求知识主动性	知识传播度	服务途径完善程度	激励方式与个体需求吻合度
寻求知识主动性				
知识传播度				
服务途径完善程度				
激励方式与个体需求吻合度				

二级指标

知识服务环境	信息系统的投资额	知识创新程度	知识人才开发指数	知识社区组织数目
信息系统的投资额				
知识创新程度				
知识人才开发指数				
知识社区组织数目				

二级指标

知识特性	知识的时效性	编码化的难易程度	所共享知识的唯一性程度	知识流动性
知识的时效性				
编码化的难易程度				
所共享知识的唯一性程度				
知识流动性				

二级指标

技术特性	计算机网络技术维护度	网络信息资源	信息化程度	网络联结程度	知识网络密度
计算机网络技术维护度					
网络信息资源					
信息化程度					
网络联结程度					
知识网络密度					

参考文献

［1］Amandine Pascal, Catherine Thomas. Developing a Human – Centred and Science – Based Approach to Design：The Knowledge Management Platform Project ［J］. British Journal of Management, 2013, 24 （2）：264 –280.

［2］Angelika C Bullinger, Anne – Katrin Neyer. Community – Based Innovation Contests：Where Competition Meets Cooperation ［J］. Creativity and Innovation Management, 2010, 19 （3）：290 –303.

［3］Asim N, Mazhar Manzoor M. Wangle the Organizational Internal and External Knowledge – A New Horizon for Sustaining the Business Stability ［J］. World Academy of Science, Engineering and Technology, 2010, 66 （1）：1048 –1052.

［4］Belderbor, Careem, Diederen B. Heterogeneity in R&D Cooperation Strategies ［J］. International Journal of Industrial Organization, 2004, 22 （8）：1237 –1263.

［5］Binbin L, Martin C, Chris B, et al. The Minkowski Approach of Choosing the Distance Metric in Geographically Weighted Regression ［J］. International Journal of Geographical Information Science, 2016, 30 （2）：351 –368.

［6］Branstetter L, Sakakibara M. Japanese Research Consortia：A Microeconometric Analysis of Industrial Policy ［J］. Journal of Industrial Economics, 1998, 46 （2）：207 –223.

［7］Brian Tjemkes, Pepijn Vos, Koen Burgers. Strategic Alliance Management ［M］. London Routledge, 2012：112 –113.

［8］Burke L A, Moore J E. The Reverberating Effects of Job Rotation ［J］. Human Resource Management Review, 2000, 10 （12）：127 –152.

［9］Celino A, Concilio G. Participation in Environmental Spatial Planning：

Structuring Scenario to Manage Knowledge in Action ［J］. Futures, 2010, 42 (7): 733 – 742.

［10］ Chen H, Yang J A, Zhuang Z Q. The Core of Attributes and Minimal Attributes Reduction in Variable Precision Rough Set ［J］. Chinese Journal of Computers, 2012, 35 (5): 1011 – 1017.

［11］ Cohen W. Absorptive Capacity: A New Perspective on Learning and Innovation ［J］. Administrative Science Quarterly, 1990, 35 (1): 128 – 152.

［12］ Daniel H Z, Hemepel D J, Srinivasan N. A Model of Value Assessment in Collaborative R&D Programs ［J］. Industrial Marketing Management, 2002, 31 (8): 653 – 664.

［13］ Davenport T H, Prusak L. Working Knowledge: How Organizations Manage What They Know ［M］. Harvard Business School Press, 1997.

［14］ Diana M, Milena Y. Automatic Creation and Monitoring of Semantic Metadata in a Dynamic Knowledge Portal ［J］. International Conference on Artificial Intelligence, 2004: 65 – 74.

［15］ Ding L Y, Zhong B T, Wu S, et al. Construction Risk Knowledge Management in Bim Using Ontology and Semantic Web Technology ［J］. Safety Science, 2016 (87): 202 – 213.

［16］ Eisenhardt Km, Martin Ja. Dynamic Capabilities What Are They? ［J］. Strategic Management Journal, 2000, 21 (10 – 11): 1105 – 1122.

［17］ Foster I, Zhao Y, Raicu I, et al. Cloud Computing and Grid Computing 360 – Degree Compared 2008 Grid Computering Environments Workshop, 2008: 1 – 10.

［18］ Gilbert M, Cordey – Hayes M. Understanding the Process of Knowledge Transfer to Achieve Successful Technological Innovation ［J］. Technovation, 1996, 16 (6): 301 – 312.

［19］ Grover R, Froese T M. Knowledge Management in Construction Using a Sociobim Platform: A Case Study of Ayo Smart Home Project ［J］. Procedia Engineering, 2016 (145): 1283 – 1290.

［20］ Hedlund G. A Model of Knowledge Management and the N – Form Corporation ［J］. Strategy Management Journal, 1994 (15): 73 – 90.

［21］ Hung S Y, Durcikova A, Lai H M. The Influence of Intrinsic and Extrinsic

Motivation on Individuals' Knowledge Sharing Behavior [J] . International Journal of Human Computer Studies, 2011, 69 (6): 415 –427.

[22] Hwang K, Fox G C, Dongarra J. Distributed and Cloud Computing [M] . San Francisco: Morgan Kaufmann, 2011.

[23] Iosup A, Ostermann S, Yigitbasi M N, et al. Performance Analysis of Cloud Computing Services for Many Tasks Scientific Computing [J] . Ieee Trans on Parallel and Distributed Systems, 2011, 22 (56): 931 –945.

[24] Irina I, Liviu I. An Overview of Cloud Computing and Knowledge Management [J] . Scientific Bulletin – Nicolae Balcescu Land Forces Academy, 2011, 15 (1): 25 –30.

[25] Irwin D, Klenow P. High – Tech R&D Subsidies – Estimating the Effects of Semate [J] . Journal of International Economies, 1996 (40): 323 –344.

[26] Jacqueline R, Alex M, Carole G. Toward More Intelligent Annotation Tools: A Prototype [M] . Ieee Intelligent Systems, 2001: 42 –51.

[27] Jeffrey L C, Bing Sheng T. Transferring R&D Knowledge: The Key Factors Affedting Knowledge Transfer Success [J] . Journal of Engineering and Technology Management, 2003 (20): 39 –68.

[28] Kevin D, Barber J. Eduardo Munive – Hemandez, John P. Process – Based Knowledge Management System for Continuous Improvement [J] . International Iournal of Quality & Reliability Management, 2006, 23 (8): 1002 –1018.

[29] Kobbacy, Khairy A H. A Survey of Ai in Operations Management from 2005 to 2009 [J] . Journal of Manufacturing Technology Management, 2011, 22 (6): 706 – 733.

[30] Lammel R. Google's Mapreduce Programming Mode Revisited [R] . Usa: Data Programmingbility Team, 2007.

[31] Lemaignan S, Ros R, Mosenlechner L, et al. Oro, a Knowledge Management Platform for Cognitive Architectures in Robotics [C] . International Conference on Intelligent Robots & Systems, 2010: 3548 –3553.

[32] Lin C H R, Liao H J, Tung K Y, et al. Performance Evaluation of a Hadoop – Based Secure Cloud Platform [J] . Applied Mechanics & Materials, 2013, (284/287): 3527 –3531.

［33］ L A, Belady, M M Lehman. A Model of Large Program Development ［J］. Ibm Systems Journal, 1976, 15 (1): 225 - 252.

［34］ Martin Schulz, Lloyd A Jobe. Codification and Tacitness as Knowledge Management Strategies: An Empirical Exploration ［J］. Journal of High Technology Management Research, 2001 (12): 139 - 165.

［35］ Mashavave T, Mapfumo P, Mtambanegwe F, et al. Factors Influencing Participation of Smallholder Farmers in Knowledge Sharing Alliances Around Sofecsa Field - Based Learning Centres ［C］. African Crop Science Conference, 2011.

［36］ Mathews J A. The Origins and Dynamics of Taiwan's R&D Consortia ［J］. Research Policy, 2002 (31): 633 - 651.

［37］ Merve B, Aslihan Nasir V. A Fad or Future of It?: A Comprehensive Literature Review on the Cloud Computing Research ［J］. International Journal of Information Management, 2016, 36 (4): 635 - 644.

［38］ Mohamed M A, Pillutla S. Cloud Computing: A Collaborative Green Platform for the Knowledge Society ［J］. Vine, 2014, 44 (3): 357 - 374.

［39］ Mueller J, Hutter K, Fueller J, et al. Virtual Worlds as Knowledge Management Platform - A Practice - Perspective ［J］. Information Systems Journal, 2011, 21 (6): 479 - 501.

［40］ Mutairi S B A, Qureshi M R J. A Novel Framework for Strategic Alliance of Knowledge Management Systems ［J］. International Journal of Modern Education & Computer Science, 2014, 6 (6): 38 - 45.

［41］ Newell S. Sharing Knowledge across Projects Limits to Ict - Led Project Review Practices ［J］. Management Learning, 2006, 37 (2): 167 - 185.

［42］ Nonaka I A, Takeuchi H A. How Japanese Companies Create the Dynamics of Innovation New York ［J］. The Knowledge Creating Company, 1995, 3 (6): 77 - 102.

［43］ Ortega J. Job Rotation as a Learning Mechanism ［J］. Management Science, 2001 (47): 1361 - 1370.

［44］ 皮埃尔·杜尚哲, 李东红等. 战略联盟 ［M］. 北京: 中国人民大学出版社, 2006: 23 - 24.

［45］ Qian Y H, Liang J Y, Pedrycz W, et al. Positive Approximation: An Accelerator for Attribute Reduction in Rough Set Theory [J]. Artificial Intelligence, 2010, 174 (9/10): 597 – 618.

[46] Retallick R, Sanchez S. Enterprise Knowledge Sharing, Activity Management, and a Fabric for Commitment [J]. Ibm Systems Journal, 1998, 37 (2): 189 – 199.

[47] Rezgui Y, Meziane F. A Web Services Implementation of a User – Centered Knowledge Management Platform for the Construction Industry [J]. International Journal of Intelligent Information Technologies, 2005, 1 (4): 1 – 19.

[48] Robertson D, Ulrich K. Planning for Product Platform [J]. Sloan Management Review, 1998, 39 (4): 19 – 31.

[49] Rosental A, Mork P, Li M H, et al. Cloud Computing: A New Business Paradigm for Biomedical Information Sharing [J]. Journal of Biomedical Informatics, 2010, 43 (2): 342 – 353.

[50] Rusli A, Shamsul S. Collaborative Knowledge Management System for Learning Organisations [J]. Journal of Information & Knowledge Management, 2006, 4 (4): 237 – 245.

[51] Sakakibara Kiyonori. R&D Cooperation among Competitors: A Case Study of the Vlsi Semiconductor Research Project in Japan [J]. Journal of Engineering and Technology Management, 1993, 10 (4): 393 – 407.

[52] Salman K, Samira K, Muhammad M. International Strategic Alliances (Isa) and Knowledge Transfer in Up – Stream Oil and Gas Sector: Application of a Fuzzy Delphi Method [J]. Contemporary Management Research, 2015, 11 (4): 185 – 190.

[53] Sampson R C. Organizational Choice in R&D Alliances: Knowledge – Based and Transaction Cost Perspectives [J]. Managerial & Decision Economics, 2004, 25 (6 – 7): 421 – 436.

[54] Satty T L. The Analytical Network Process [M]. Pittsburgh: RWS Publication, 1996: 234 – 237.

[55] Seffers, George I. Robots Learn with Heads in the Cloud [J]. Signal, 2014, 68 (9): 50 – 52.

[56] Seunggwan L, Daeho L, Sungwon L. Personalized DTV Program Recommen-

dation System under a Cloud Computing Environment ［J］. IEEE Transactions on Consumer Electronics, 2010, 56 (2): 1034 - 1042.

［57］ Shang C, Barnes D, Shen Q. Facilitating Efficient Mars Terrain Image Classification with Fuzzy - Rough Feature Selection ［J］. International Journal of Hybrid Intelligent System, 2011, 8 (1): 3 - 13.

［58］ Shannon C E. A Mathematical Theory of Communication ［J］. in the Bell Systerm Technical Journal, 2014, 10 (1): 110 - 114.

［59］ Siemsen E, Balasu S, Roth A V. Incentives That Induce Task Related Effort: Helping Knowledge Sharing in Work Groups ［J］. Management Science, 2007, 53 (10): 1533 - 1550.

［60］ Smith K G, Carroll S T, Ashford S J. International Cooperation: Toward a Research Agenda ［J］. Academy of Management Journal, 1995, 38 (L): 7 - 23.

［61］ Song Y B, Jiang Z Y. Enterprise Asset Management Platform under Cloud Computing Mode ［J］. Advanced Materials Research, 2012 (542/543): 1271 - 1274.

［62］ Stephen C, Cai Jian. Stars: A Socio - Technical Framwork for Integrating Design Knowledge over the Internet ［J］. IEEE Internet Computing, 2000: 54 - 62.

［63］ Stephen R, Mike C. Knowledge Complementarily and Coordination in the Local Supply Chain: Some Empirical Evidence ［J］. British Journal of Management, 2003, 14 (4): 339 - 355.

［64］ Stojanovic N, Stojanovic L. Usage - Oriented Evolution of Ontology - Based Knowledge Management Systems ［M］. Berlin Heidelberg: Springer - Verlag, 2002: 1186 - 1204.

［65］ Sunyoung Park, Eun - Jee Kim. Revisiting Knowledge Sharing from the Organizational Change Perspective ［J］. European Journal of Training and Development, 2015, 39 (9): 769 - 797.

［66］ Tatiana G, Vladimirl G. Ontological Engineering for Corporate Knowledge Portal Design ［J］. Fourth Working Conference on Virtual Enterprises, Lugano Switzerland, 2003: 289 - 296.

［67］ Vasudeva G, Spencer J W, Teegen H J. Bringing the Institutional Context Back in: A Cross - National Comparison of Alliance Partner Selection and Knowledge

Acquisition [J]. Organization Science, 2013, 24 (2): 319-338.

[68] Wang H, Xie C. Construction of Customer Knowledge Management Platform Based on Triz [J]. Advanced Materials Research, 2011 (295/297): 1788-1793.

[69] Wilson J, Hynes N. Co-Evolution of Firms and Strategic Alliances: Theory and Empirical Evidence [J]. Technological Forecasting and Social Change, 2009, 76 (5): 620-628.

[70] Woitsch R, Karagiannis D. Process-Oriented Knowledge Management System Based on Km-Services: The Promote Approach [M]. Berlin Heidelberg: Springer-Verlag, 2002: 398-412.

[71] Yang Hb, Lin Zj, Lin Yl. A Multilevel Framework of Firm Boundaries: Firm Characteristics, Dynamic Difference, and Network Attributes [J]. Strategic Management Journal, 2010, 31 (3): 1365-1381.

[72] Yongtae P, Seonwoo K. Knowledge Management System for Fourth Generation R&D [J]. Knowvation Technovation, 2006, 26 (6): 5-6.

[73] 安广兴. 以科学发展观看我国产业联盟可持续发展 [J]. 经济论坛, 2007 (20): 70-73.

[74] 曹兴, 曾智莲. 知识分布及其对企业知识转移的影响分析 [J]. 科学学研究, 2008, 26 (2): 344-349.

[75] 陈磊. 以全新运行机制服务国民经济建设——关于建设科技创新服务平台的几点思考 [J]. 中国建材, 2006 (12): 45-48.

[76] 陈晓洪, 马骏, 袁东明. 产业联盟与创新 [M]. 北京: 经济科学出版社, 2007: 30-43.

[77] 代莹艳. 企业战略联盟伙伴选择研究 [J]. 学理论, 2008 (22): 31-32.

[78] 邸晓燕, 张赤东. 产业技术创新战略联盟的性质、分类与政府支持 [J]. 科技进步与对策, 2011, 28 (9): 59-64.

[79] 丁祥武, 陈金鑫, 王梅. 异构计算平台上列存储系统的并行连接优化策略 [J]. 计算机工程与应用, 2017, 53 (5): 73-80.

[80] 丁滟, 王怀民, 史佩昌等. 可信云服务 [J]. 计算机学报, 2015, 38 (1): 133-149.

[81] 定明龙. 科技基础条件平台绩效评价指标体系研究 [R]. 科技评估与管理创新国际研讨会, 2014.

［82］杜静，魏江．知识存量的增长机理分析［J］．科学学与科学技术管理，2004，25（1）：24－27.

［83］杜子兮．个人知识管理系统研究与开发［D］．大连理工大学，2011.

［84］范晓春．知识联盟中的知识共享模式研究［D］．吉林大学，2008.

［85］房树华，李荣．产业联盟中的企业集成创新研究［J］．工业技术经济，2008（3）：98－100.

［86］龚旭，夏文莉．美国联邦政府开展的基础研究绩效评估及其启示［J］．科研管理，2003（3）：1－8.

［87］韩国元，武红玉，孔令凯等．知识存量对科技成果转化影响机理研究［J］．科技管理研究，2017，37（6）：173－179.

［88］胡梦文，汪传雷．基于Web3.0的企业知识管理平台及其应用［J］．现代情报，2015，35（5）：117－119.

［89］黄家良，谷斌．基于大数据的虚拟社区知识共享模式及体系架构研究［J］．情报理论与实践，2016，39（2）：93－96.

［90］黄卫东，于瑞强．共享学习模式下知识服务云平台的构建研究［J］．电信科学，2011，27（12）：6－11.

［91］黄毅．面向行业的公共创新服务平台的构建［D］．景德镇陶瓷学院，2011.

［92］江涛．基于知识协同的图书馆虚拟咨询团队知识共享机制研究［J］．情报理论与实践，2013，36（2）：72－79.

［93］蒋楠，赵嵩正，吴楠．服务知识获取模式对服务创新绩效影响研究——以服务型制造企业为例［J］．科技进步与对策，2015（9）：67－70.

［94］蒋瑜．基于差别信息树的rough set属性约简算法［J］．控制与决策，2015，30（8）：1531－1536.

［95］景玲．企业创新的三大知识获取模式综述［J］．中小企业管理与科技，2012（7）：4－5.

［96］柯新．科技部解读国家科技基础条件平台建设纲要［J］．科技资讯，2004（22）：154－159.

［97］李开荣，卜忠飞，渠立兵等．基于知识管理的教学网站更新机制研究［J］．中国教育信息化，2014（5）：70－72.

［98］李顺才，常荔，邹珊刚．企业知识存量的多层次灰色关联评价［J］.

科研管理，2001，22（3）：73－78.

［99］李颖，姚艺．国内外知识管理系统研究：回顾与展望［J］．图书情报知识，2010（5）：103－111.

［100］李颖明，张利华，宋建新．公共政策的经济效率与区域创新服务平台建设［J］．科学学与科学技术管理，2008（11）：49－50.

［101］李增辉，汪秀婷，牟仁艳．面向我国重点产业的技术创新服务平台构建研究［J］．科学学与科学技术管理，2012，33（3）：34－35.

［102］李忠．高校科技创新服务平台管理制度创新研究［J］．长沙铁道学院学报（社会科学版），2004（5）：12－15.

［103］梁嘉骅，王纬．一种新的经济组织形态——产业联盟［J］．华东经济管理，2007，21（4）：42－46.

［104］刘海鸥．云环境用户情景感知的移动服务 QoS 混合推荐［J］．情报杂志，2016，35（4）：183－194.

［105］刘红霞．组织理论视角的产业联盟特征研究［J］．商场现代化，2010（2）：60－63.

［106］刘洪民，杨艳东．制造业共性技术研发的组织模式研究［J］．技术与创新管理，2016，37（3）：276－282.

［107］刘佳，王馨．组织内部社会网络联系对知识共享影响的实证研究［J］．情报科学，2013，31（2）：105－108.

［108］刘英杰，方平．国家自然科技资源共享平台项目绩效评价指标体系构建研究［J］．中国科技资源导刊，2014（3）：58－61.

［109］刘颖琦．新能源汽车产业联盟中企业大学—关系对技术创新的影响［J］．管理世界，2011（6）：182－183.

［110］罗顺均．吸收能力、外部知识获取模式与企业创新绩效的关系研究——基于德豪润达与珠江钢琴的纵向比较案例［J］．研究与发展管理，2015，27（5）：122－136.

［111］罗先觉，尹锋林．云计算对知识产权保护的若干影响［J］．知识产权，2012（4）：60－64.

［112］马卫华．组建我国高校科技创新服务平台的对策分析［J］．科技进步与对策，2007（3）：22－24.

［113］马育敏．基于生态属性的图书馆知识云平台创新研究［J］．图书馆

理论与实践，2016（5）：105 - 108.

[114] 迈克尔·波特. 竞争优势［M］. 陈丽芳译. 北京：中信出版社，2014：23 - 33.

[115] 邱君，李朝明. 基于云计算的企业知识管理模式研究［J］. 科技管理研究，2014（2）：115 - 119.

[116] 孙冰，沈瑞. 行业竞争强度对创新扩散效率的影响——知识吸收能力的中介作用［J］. 科技进步与对策，2017，34（1）：59 - 65.

[117] 孙大为，常桂然，陈东等. 云计算环境中绿色服务级目标的分析、量化、建模及评价［J］. 计算机学报，2013，36（7）：1509 - 1525.

[118] 孙耀吾，卫英平. 基于复杂网络的高技术企业联盟知识扩散 AIDA 模型与实证研究［J］. 中国软科学，2011（6）：130 - 138.

[119] 谭劲松，林润辉. TD - SCDMA 与电信行业标准竞争的战略选择［J］. 管理世界，2006（6）：71 - 84.

[120] 田波，丁祥武. MR - DC：基于 Map Reduce 的轻量级数据压缩策略［J］. 智能计算机与应用，2015，5（1）：77 - 80.

[121] 王斌. 知识联盟中知识存量演化过程研究——以郑州超硬材料知识联盟为例［J］. 科技进步与对策，2017（14）：126 - 132.

[122] 王斌. 知识网络中知识存量离散性演化机理研究［J］. 科学学与科学技术管理，2014（11）：57 - 68.

[123] 王宏起，王雪，李玥. 区域科技资源共享平台服务绩效评价指标体系研究［J］. 科学管理研究，2015，33（2）：48 - 51.

[124] 王怀芹，刘友华. SNS 环境下企业客户知识获取模式研究［J］. 现代情报，2011，31（6）：21 - 24.

[125] 王建刚，吴洁. 结构化能力与吸收能力的关系：基于知识视角的实证研究［C］. 中国管理科学学术年会，2014.

[126] 王君，樊治平. 一种基于有向无环图的组织知识度量模型［J］. 系统工程，2002，20（5）：22 - 27.

[127] 王磊. 以产业联盟促进京津冀地区第二产业合作开发的战略研究［D］. 天津工业大学，2007.

[128] 王鹏. 云计算的关键技术与应用实例［M］. 北京：人民邮电大学出版社，2010：50 - 56.

［129］王琼辉，刘杰．上海研发公共服务平台绩效 AHP 评价指标体系研究［J］．上海商学院学报，2009（1）：87-89.

［130］王珊珊，王宏起，邓敬斐．产业联盟技术标准化过程及政府支持策略研究［J］．科学学研究，2012，30（3）：380-386.

［131］王硕，徐恺英，崔颖．泛在学习环境下的知识共享模式探究［J］．图书情报工作，2013，57（9）：19-22.

［132］王卫东，王英林．基于本体的文档自动分类系统的研究［J］．计算机仿真，2005，22（4）：183-186.

［133］王小娟，万映红．客户知识管理过程对服务产品开发绩效的作用——基于协同能力视角的案例研究［J］．科学学研究，2015，33（2）：264-271.

［134］王笑宇，程良伦．云计算下的多源信息资源云体系及云服务模型研究［J］．计算机应用研究，2014，31（3）：784-788.

［135］王忠义，夏立新，王伟军．云环境下数字图书馆知识管理研究［J］．情报科学，2015，33（3）：13-17.

［136］魏国平．IT 产业基于隐性契约的战略联盟竞争优势分析［J］．科学学与科学技术管理，2005（6）：102-104.

［137］魏江，刘洋，赵江琦．服务模块化与组织整合的匹配——对专业服务业知识编码化的影响［J］．科学学研究，2012，30（8）：1237-1245.

［138］魏江，王艳．企业内部知识共享模式研究［J］．技术经济与管理研究，2004（1）：68-69.

［139］吴国林．区域技术创新平台研究——大涌红木家具专业镇的技术创新平台建设［J］．科技进步与对策，2005，22（1）：162-164.

［140］邢蕊，周建林，王国红．创业团队知识异质性与创业绩效关系的实证研究——基于认知复杂性和知识基础的调节作用［J］．预测，2017，36（1）：1-7.

［141］熊回香，张晨，李玉波．基于 Web 3.0 的个人知识管理平台建设研究［J］．图书情报工作，2012，54（18）：95-100.

［142］熊义强，高济．基于本体论的动态参与型知识管理系统［J］．计算机工程与设计，2004，25（9）：1597-1599.

［143］薛捷．广东专业镇科技创新平台的建设与发展研究［J］．科学学与科学技术管理，2009（9）：87-90.

［144］颜敏．基于产业集群的知识共享模式研究——以东莞松山湖高新区生

物技术产业集群为例 [J]. 图书馆研究, 2014, 44 (6): 84 - 88.

[145] 杨春立. 产品知识管理系统研究 [D]. 大连理工大学, 2004.

[146] 杨学军, 杨帆. 外部知识获取模式对企业技术能力的影响路径研究 [J]. 科技与经济, 2013, 26 (3): 76 - 80.

[147] 杨宇环, 杨君岐. 基于云计算的 B2C 电子商务企业价值链优化 [J]. 企业经济, 2012 (4): 117 - 120.

[148] 姚文. 论知识管理对档案管理的创新 [J]. 中国管理信息化, 2016, 19 (10): 169 - 170.

[149] 于利胜, 张延松, 王珊等. 基于行存储模型的模拟列存储策略研究 [J]. 计算机研究与发展, 2010, 47 (5): 878 - 885.

[150] 俞志华, 戚钜岳, 王桂良. 对我省公共科技创新服务平台若干问题的思考 [J]. 今日科技, 2006 (4): 6 - 7.

[151] 袁红梅. 知识服务产业联盟探析 [J]. 图书馆学研究, 2014 (13): 83 - 87.

[152] 袁景凌, 杜宏富, 钟珞等. 动态量化非对称相似关系的不完备知识约简算法 [J]. 小微型计算机系统, 2012, 33 (2): 280 - 284.

[153] 张海生. 我国产业联盟的发展现状及未来发展趋势 [J]. 中国科技成果, 2007 (11): 20 - 23.

[154] 张海燕, 杜荣. 基于知识共享的自主创新联盟运作机制分析 [J]. 科学学研究, 2007, 25 (A02): 480 - 485.

[155] 张宏霞, 张文雍. 基于云计算平台的电子政务绩效评估体系研究 [J]. 辽宁师范大学学报 (自然科学版), 2015 (1): 59 - 65.

[156] 张君, 周浩, 杨艳. 基于知识云平台的企业创新流程研究——以 T 烟草公司为例 [J]. 中国人力资源开发, 2014 (1): 66 - 70.

[157] 张立频. 利用云服务理论构建学科知识网络平台的实现策略——以公安学科知识网络云平台为例 [J]. 大学图书馆学报, 2014, 32 (2): 39 - 43.

[158] 张利华, 陈刚, 李颖明. 面向区域发展的区域创新服务平台构建——以浙江省绍兴县区域创新服务平台为例 [J]. 科学管理研究, 2007, 25 (5): 51 - 54.

[159] 张利华, 王桔. 基于产业生命周期理论的创新服务平台研究——以纺织业创新服务平台为例 [J]. 科学管理研究, 2008, 26 (3): 9 - 11.

［160］张娜.合肥市科技创新服务平台建设研究［D］.安徽大学，2011.

［161］张桐.实时数据库中数据压缩算法的研究［J］.信息通信，2015（9）：171.

［162］赵伶俐.基于云计算与大数据的高等教育质量指数构建［J］.复旦教育论坛，2013，11（6）：52－57.

［163］赵蓉英，向剑勤，王红星.基于社会网络的企业知识共享模式研究［J］.图书情报工作，2011，55（10）：30－34.

［164］赵文平，王安民，徐国华.组织内部知识共享的机理与对策研究［J］.情报科学，2004，22（5）：517－519.

［165］郑翠芳.几种常见无损数据压缩算法研究［J］.计算机技术与发展，2011，21（9）：73－76.

［166］周杰，张卫国.战略联盟企业间动态关系与知识转移研究［J］.科技进步与对策，2013，30（2）：93－96.

［167］周永红，吴银燕，宫春梅.基于企业联盟的知识共享模式分析［J］.情报理论与实践，2014，37（12）：57－60.

［168］周余庆，李峰平，薛伟等.知识管理系统构建策略初探——系统思考在知识管理系统中的应用［J］.科学学研究，2009，27（7）：1046－1051.

［169］周元，王海燕.关于我国区域自主创新的几点思考［J］.中国软科学，2006（1）：13－17.

［170］朱怀念，刘贻新，张成科等.基于随机微分博弈的协同创新知识共享策略［J］.科研管理，2017，38（7）：17－25.